农业生产科技丛书

浙江省科普作家协会农业委员会　主编

菜用大豆栽培新技术

汪自强　夏国绵　编著

杭州出版社

《农业生产科技丛书》编委会

编者的话

菜用大豆经济效益好，具有营养保健功能，深受人们的喜爱。我国加入WTO后，大豆关税减免，大豆进口对我国市场冲击加大，大豆产业结构调整势在必行。菜用大豆作为一项新兴的大豆产业，有着巨大的发展潜力和国际市场竞争力，开展菜用大豆育种研究，发展菜用大豆生产，是应对市场挑战，振兴中国大豆产业的重要策略。

菜用大豆与干籽大豆相比，具有生育期短、利于后作、经济效益和营养价值高等优点，同时可充分利用闲暇劳动力，调整种植结构，产业化前景广阔。随着国外市场的进一步开拓及人们的生活水平的提高，菜用大豆的生产规模将随着城乡居民对健康食品需求量的不断增大而逐步扩大。2001年召开的第二届国际菜用大豆会议表明，菜用大豆正在世界范围内成为一项重要的产业，并正推动相关的科学技术研究。在过去的十多年里，我国菜用大豆的生产和出口发展迅速，现已成为世界上最大的菜用大豆生产国和出口国，速冻菜用大豆已成为东南沿海地区重要的出口农产品。我国劳动力价格较为低廉，土地资源相对充足，种植及消费菜用大豆的历史悠久，距主要进口国较近，且具有较强的加工能力。以上条件使我国菜用大豆在国际市场有较强的竞争力。近几年，我国的科技人员加大了菜用大豆的栽培研究，显著提高了菜用大豆的产量和品质，同时研究建立了菜用大豆与蔬菜、粮食作物的多种轮作茬口模式，有效地推进了我国农业种植业结构的高速发展。本书在综述菜用大豆生产、营养价值与品质、加工与规模化经营的基础上，重点论述了菜用大豆的品种类型和新育成的品种、菜用大豆形态特征和生育特点、对环境条件的要求及其逆境生理，并总结和推出了常规栽培技术和特色栽培技术，最后介绍了菜用大豆质量标准和种植技术标准。全书收集了菜用大豆新品种选育、栽培、加工、贮藏技术等方面的最新研究成果，特别关注菜用大豆的栽培新技术和特色栽培技术，可为菜用大豆育种者、生产者和经营者提供参考。

菜用大豆生产是一个新兴的产业，新的研究和技术成果不断涌现，本书在写作过程中，借鉴了前人的一些研究成果和技术经验，杭州萧山区农业局的首席粮油专家夏国绵高级农艺师参加了本书的编写，并提供了杭州市质量技术监督局发布的《无公害鲜食大豆栽培技术规范》和《无公害鲜食大豆质量要求》，浙江海通食品集团有限公司提供了《浙江海通食品集团有限公司企业标准·速冻毛豆》，高会、吴冬梅和戚洁等参与了资料收集和编写，在此一并致谢。因编写时间仓促，难免挂一漏万，请读者和同行不吝赐教，以便再版时完善。

编著者

2010 年 6 月于华家池

目 录

一、菜用大豆的生产概况

菜用大豆通常叫毛豆，是指在豆荚鼓粒饱满，荚色、籽粒色翠绿时采青食用的大豆总称，属大豆专用型品种。近十年来，中国大陆的菜用大豆生产发展很快，一方面是由于需求的增加和原菜用大豆的主要出口地台湾劳务费用升涨，许多台商把菜用大豆的生产、加工基地转向大陆的福建、江浙等沿海地区；另一方面是菜用大豆的开发和利用改变了长期以来人们认为大豆是低产、低效作物的观念，极大地提高了农民的积极性。

菜用大豆是指在豆荚鼓满至开始转色（R6～R7，生殖生长后期）之间收获的未成熟大豆，西方国家则称之为“菜大豆”，而在日本，菜用大豆通常带荚整株收割，并在市场出售，日本人称之为“枝豆”（图1）。在中国大陆和台湾地区、泰国、朝鲜、尼泊尔等地则仅采摘豆荚，出售新鲜豆荚、籽粒或将其冷藏。在国内，为区别于干籽粒大豆，且与鲜食玉米相匹配，又将菜用大豆称之为“鲜食大豆”。

图1　日本式“枝豆”

目前菜用大豆的消费市场主要在亚洲，日本是菜用大豆的主要生产国和消费国，总产量约10万吨/年，日本菜用大豆的年需求量约15万吨，在20世纪70～80年代，其供需差额部分主要由我国台湾供应。我国台湾地区以前只少量种植菜用大豆剥壳后出售鲜豆粒，1971年后日本开始从我国台湾地区进口冷冻菜用大豆荚，进口量逐年增加，此后的10多年来一直维持在每年4万吨左右。位于我国台湾地区的联合国粮农组织下属研究机构——亚洲蔬菜研究和发展中心对菜用大豆进行了大量的研究和育种工作，我国台湾地区菜用大豆的品质也比竞争对手泰国和中国大陆好。近几年，中国大陆地区、泰国、菲律宾及印度尼西亚致力于发掘菜用大豆的出口及国内市场潜力，逐渐占领菜用大豆的出口市场。1990 年泰国菜用大豆种植面积为 22500 亩，产量近万吨，其中一半出口到日本。中国菜用大豆的生产在相当长的时期内属自产自销，由于人们生活水平的提高和市场需求的增加，菜用大豆的育种计划也已纳入大豆育种的规划中。

菜用大豆生产在耕作制度、持续农业和人们日常生活中具有重要的作用。菜用大豆通过根瘤菌的共生固氮能补充土壤中氮肥之不足，它又是一种生育期短的作物，同其他绿肥作物一样，在 75 天内收获豆荚，其茎叶可作绿肥，较易纳入以水稻为主的轮作制之内，农民种植菜用大豆的收入比种植籽粒用大豆更高。

目前，我国尚处于菜用大豆生产的初始阶段，存在的一个主要问题是不符合国际市场对菜用大豆品质的要求。符合国际市场标准要求的菜用大豆产量在日本为 560 千克/亩，而中国仅为 334 千克/亩，这严重限制了我国菜用大豆的出口和经济效益的提高，不利于菜用大豆生产的发展。

二、菜用大豆营养价值和品质

江苏、浙江、福建等东南沿海地区有食用毛豆的习惯。菜用大豆同普通大豆一样，富含磷、钙、铁等矿质元素，鲜豆粒的蛋白质含量高达13.1%，明显高于其他几种豆类蔬菜，氨基酸中的赖氨酸、谷氨酸、天冬氨酸等6种氨基酸含量最多，其维生素 B_1、B_2 含量高于青豌豆，营养丰富。

（一）菜用大豆的营养组分

近年来，由于健康意识的加强，人们希望把新的菜用作物引入到饮食中，而菜用大豆正是其中最受关注的一种，因为菜用大豆不仅和粒用大豆一样具有很高的营养价值，例如，菜用大豆的平均蛋白质含量是12%（鲜重），而利马豆是7.6%，豌豆仅为5.4%，并且菜用大豆的食味、质感和蒸煮品质都较粒用（干籽）大豆好。菜用大豆含有多种维生素和矿物质，并含有丰富的粒用大豆所缺乏的维生素C（27毫克/100克）。

1. 菜用大豆的蛋白质和氨基酸

据徐兆生、王素对55份菜用大豆品种鲜豆粒粗蛋白的测定结果（1995），以干重计，菜用大豆籽粒的粗蛋白含量在35.25%～45.48%之间，平均含量是39.93%，与粒用大豆相近（37%～40%）。菜用、粒用大豆都含有丰富的氨基酸，其氨基酸的种类和组成相似，含量最高的都是谷氨酸、天冬氨酸和亮氨酸，最低的是半胱氨酸和蛋氨酸。

菜用大豆和粒用大豆一样是一种高营养价值的作物，菜用大豆籽粒中含有丰富的禾谷类作物所缺乏的赖氨酸，氨基酸的组成较均衡（表1）。据Yanakisw的研究（1997）表明，菜、粒用大豆在籽粒发育过程中，游离氨基酸的代谢速度不同，粒用大豆籽粒中游离氨基酸含量的下降较菜用大豆要早，在菜用大豆采摘期，籽粒中游离氨基酸的浓度较粒用大豆要高出近一倍，因此仅就游离氨基酸来说，未成熟的菜用大豆比粒用大豆能提供更多的必需氨基酸。

表1　大豆蛋白中的氨基酸与世界卫生组织建议的蛋白中的氨基酸

（毫克/克蛋白）

	异亮氨酸	亮氨酸	赖氨酸	蛋+半胱氨酸	苯+酪氨酸	苏氨酸	色氨酸	缬氨酸
WHO 建议标准	40	70	55	35	60	40	10	50
大豆蛋白中的氨基酸	42	94	60	10*	47	12	12	47

雷勃均(1988)研究了粒用大豆黑农26种子的发育过程中蛋白质的积累特性,结果表明:在开花后15天,大豆籽粒中全氮和可溶性蛋白氮的含量就已经相当高,开花后15~25天,总氮含量和可溶性氮含量下降(这可能是由于籽粒在此期间迅速膨大导致),25~30天增加较快,此后增加又渐趋平缓。大豆种子中的球蛋白的百分含量在开花后25~30天达到最大值,30天以后随着籽粒中含氮物质的积累而逐渐降低。球蛋白中各组分的变化为:在籽粒的发育过程中,11s蛋白的变化最为显著,可见吸收峰和峰值的增加,开花后40天,11s蛋白的含量基本稳定。以往的研究表明11s蛋白含有必需氨基酸的量较多,大豆籽粒中11s蛋白所占的比例越高,营养品质越好。因此可以看出,大豆开花后40天其蛋白质的品质已经较优了。

应用10个菜用大豆和10个粒用大豆品种,通过比较这20个开花和成熟期相对一致的大豆品种,在相同的环境中给予相同的处理,研究菜用、粒用大豆在籽粒发育过程中游离氨基酸含量的变化。结果表明,在菜用大豆青荚采摘期,虽然菜用大豆不同品种间各游离氨基酸的含量存在显著差异,但它们的三个主要氨基酸都是天冬酰胺、丙氨酸和谷氨酸。菜用大豆籽粒中,这三个氨基酸的浓度都在15毫克当量/千克干物之上;接下去是丝氨酸、组氨酸和精氨酸,它们的浓度在5毫克当量/千克干物左右。粒用大豆的三个主要氨基酸也是天冬酰胺、丙氨酸和谷氨酸,但它们的浓度却比菜用大豆低得多,只有5毫克当量/千克干物,粒用大豆每千克干物质只含有3毫克当量的丝氨酸、组氨酸和精氨酸。菜用、粒用大豆品种中其他氨基酸的含量都很低，天冬氨酸、脯氨酸、酪氨酸、缬氨酸、蛋氨酸、异亮氨酸、亮氨酸、苯丙氨酸、赖氨酸都只在2毫克当量/千克干物上下，但其中菜用大豆中这些氨基酸的浓度又比粒用大豆高了近一倍。

在菜用大豆青荚采摘期，籽粒中天冬酰胺、丙氨酸和谷氨酸的浓度较粒用大豆品种高，这说明了菜用、粒用大豆品种中籽粒游离氨基酸的代谢速度是不同的。有研究表明，这三种主要游离氨基酸的含量可能与大豆的适口性有关，也有研究表明丙氨酸与甜度有强正相关关系，而天冬酰胺和谷氨酸对食品的味道影响很大，这也许就是菜用大豆的口感较粒用大豆好的原因之一。

2. 菜用大豆的油分和脂肪酸组成

Almohamed 和 M. Rangappa（1992）研究了17个菜用大豆品种鲜籽粒的油分、脂肪酸组成，测定结果表明，不同品种间菜用大豆籽粒含油量存在明显差异，变化范围在15.65%～23.36%（干重）之间，其平均含油量为18.44%，与粒用大豆相近（18.4%）。菜用大豆脂肪酸的组成和粒用大豆相似，含有11.07%的棕榈酸、3.22%的硬脂酸、20.64%的油酸，籽粒中不饱和脂肪酸的含量很高（84.43%），其中主要是亚油酸（53.34%）和亚麻酸（9.19%）。亚油酸和亚麻酸虽然不利于油分的贮存，却是人体生长发育和维持正常的生理功能所不可缺少的必需脂肪酸，人体不能合成，依靠膳食补充，在代谢中它们改变人体中胆固醇的分布。因此菜用大豆油是一种高品质油，它有很强的降低血清胆固醇的能力。

粗脂肪含量及脂肪酸组分在籽粒发育过程中的变化表明，随籽粒的发育进程增加，粗脂肪含量呈直线上升，在开花后50天，籽粒中粗脂肪的含量已接近成熟种子水平。脂肪酸的动态大致有这样的趋势：在开花后15～50天内，籽粒不饱和脂肪酸增加，饱和脂肪酸减少，开花后15～30天是其变化最快的时期，开花后50天到完全成熟时的变化较少。

菜用大豆品种为适应早熟的要求，在物质积累方面的表现更为明显。胡军、李曙轩（1982）研究了菜用大豆品种“六月拔”和“九月拔”在籽粒发育过程中的物质积累，发现在两个菜用大豆品种的最适采摘期,其籽粒的脂肪和蛋白质含量都已达到积累高峰,因此可以看出,在菜用大豆采摘期,籽粒的营养组成已基本稳定,营养品质和完全成熟时相近。毫无疑问,在大豆种子的形成过程中,单粒种子的蛋白质、脂肪等营养物质都逐渐积累。因此有些人就很难理解为什么菜用大豆的营养价值能跟粒用大豆相提并论。但换一个角度,从这些营养物质所占的百分比来看,就会发现,随着种子的成熟,某些营养物质积累到一定量时就不再增加,甚至反而下降。

3. 菜用大豆籽粒中的其他物质

与粒用大豆相比,菜用大豆籽粒碳水化合物中淀粉的含量较高,约占干重的10%,总糖量和粒用大豆相近,但含有较多的蔗糖、果糖和葡萄糖,而粒用大豆中含低聚糖多,主要是棉子糖和水苏糖的含量明显高于菜用大豆。其中蔗糖是产生菜用大豆甜味的主要因素,研究表明,蔗糖、葡萄糖与菜用大豆食味之间有明显的相关性,蔗糖、葡萄糖含量越高,菜用大豆的味道越好(Masuda et al,1988)。而低聚糖中的棉子糖和水苏糖是食用豆类产生肠胃胀气的主要原因,即为食用豆类的抗营养因子之一。因此,菜用大豆食味优于粒用大豆。

近年来大豆已成为世界上最经济的食物蛋白质来源,但大豆所具有的豆腥味限制了它的广泛应用,特别是在西方发达国家。Andre 等首先发现豆类制品中产生豆腥味的主要原因是聚不饱和脂肪酸的酶促反应的结果,其关键的酶就是脂肪氧化酶。大豆种子特别富含脂肪氧化酶,它是大豆中的一种重要的抗营养因子,也是影响豆类制品口味的主要因素。菜用大豆不同基因型间脂肪氧化酶的平均活性为2173.6 单位/分钟/毫克干物(Almohamed,M. Rangappa,1992),低于粒用大豆的脂肪氧化酶的活性 2758.8 单位/分钟/毫克干物(Hafez,1983),使得菜用大豆更宜被人们所接受。

(二) 菜用大豆的品质

粒用大豆是一种高蛋白、高脂肪的作物,营养价值很高。菜用大豆不仅和粒用大豆一样,含有大量的蛋白质、油分、维生素和矿物质,而且比粒用大豆含有更多的游离氨基酸和较少的低聚糖和较低的脂肪氧化酶(抗营养因子)的活性,因此,高营养价值的菜用大豆比粒用大豆更易被人们接受，受到市场的欢迎。

菜用大豆由于其独特的风味、甜味和口味，在中国、日本等国家很受大众欢迎。菜用大豆的品质性状一般包括六个方面，即外观、口味、风味、质地、营养价值和卫生品质。由于口味、风味和质地与消费者的食用关系密切，有时又将这三者归类为菜用大豆的食用品质。其中外观品质和卫生品质最为重要，是商品规格的一部分，同时食用品质和营养品质是必需的，并影响产品的价格。

夏天，由于大多数产区离城市的消费者较远，并且大豆主要是以摘下来后的豆荚出售的，外观（如颜色和大小）在销售过程中很重要，因此产后加工就显得非常关键。适时采摘对大豆品质影响很大，但是判断何时采摘最合适并不容易。收获后在很短的时间内，蔗糖和游离氨基酸的含量就开始下降，引起品质变差，尤其是在高温情况下，运输到城市之前，在生产区进行预先冷冻处理，对保持大豆品质很有效。

1. 外观品质

菜用大豆的外观性状包括绿荚大小、荚色、每荚粒数和豆粒大小。市场上以豆荚形式出售的菜用大豆一般分为四级，出口加工用的毛豆要求荚色翠绿，每荚至少有两粒发育良好的种子，且两粒种子必须相邻；荚至少长4.5厘米、宽1.3厘米、厚0.6厘米，大荚大粒，鲜荚每千克不超过340个荚，干籽百粒重30克以上。豆荚应呈绿色，有较好的外形，无斑点，这样，无论在批发市场还是零售市场都能卖到好价钱。豆荚发黄说明已失去新鲜度，并且维生素C、蔗糖和游离氨基酸已开始降解。

在日本的一些菜用大豆产区，特级品必须有90%以上的豆荚有两粒或三粒豆子，豆荚外形较好，通体碧绿，无破损，无斑点；B级菜用大豆也必须有90%以上的豆荚有两粒或三粒豆子，豆荚颜色为浅绿色，有轻微的斑点、破损或残缺，并且豆荚可稍短一点或籽粒可以稍小一点；A级处于特级和B级之间。三个等级的菜用大豆，豆荚均必须剔除过于成熟，或有病害，或被虫子咬过，或只有一粒豆，或发黄、残缺的，或开裂、有斑点的，或未成熟等。

2. 食味品质

目前还没有具体的菜用大豆食味品质的指标，这是因为食味品质与消费者的个人喜好有关。菜用大豆的食味性状可分为甜度、口感、质地和香味。一般以甜度高的菜用大豆的口感为好，其中蔗糖的含量是影响菜用大豆甜度的主要因素。籽粒中游离氨基酸的含量影响菜用大豆口感的第二大因子。在菜用大豆籽粒中所含的氨基酸，谷氨酸的含量最高，而在游离氨基酸中浓度最高的是天冬酰胺，其次是丙氨酸，谷氨酸位于第三。有研究表明，天冬酰胺、谷氨酸和丙氨酸对菜用大豆的口感有很大的影响，其中谷氨酸和丙氨酸的含量和菜用大豆口感有显著的正相关关系。菜用大豆的质地是一个相当复杂的因素，现在一般用硬度来表示，硬度低的菜用大豆易煮烂，品质相对较好。浙江大学农学院研究了500多份大豆材料，在相近采收期（成熟度）的条件下，发现品种之间的易煮烂性差异很大，也就是说，有些品种易煮烂，有些品种质地较硬。菜用大豆的香味是食味品质的性状之一。菜用大豆在沸水中会产生大量成分复杂的挥发性物质，其中一些使大豆具有花香味，如顺－茉莉酮、芳樟醇、顺－3－乙烯醇，而另一些挥发物如1－辛烯－3醇、乙醇、乙醛则使大豆具有豆腥味（Sugauaral et al，1988；Maga，1973）。亚洲蔬菜研究和发展中心认为，1－反乙醛、1－辛烯－3醇及2－戊基呋喃是菜用大豆的主要挥发物（Tsou and Hang，1990）。大豆籽粒中有许多与食味相关的物质，如蔗糖、氨基酸、有机酸、无机盐、类黄酮和皂苷等。

菜用大豆籽粒中影响食味品质的成分是皂苷、异黄酮和低聚糖类物质，皂苷和异黄酮是使豆子具有苦味、涩味、金属异味的因子。种子内皂苷主要集中在胚轴部分，占0.6%～6.61%，并随种子的成熟度不同而不同。有关煮豆子中的燥口感产生的原因目前还未有研究结果，而有关皂苷和异黄酮的生物活性研究涉及从抗菌素到整个药物研究的一个很大的范围。

菜用大豆中的低聚糖主要是棉子糖和水苏糖，是食用大豆后产生肠胃胀气和腹部不适的主要原因，但近来有报道指出，棉子糖和水苏糖能促进双歧杆菌的生长，从大豆中分离出的低聚糖可添加到饮料产品中。

菜用大豆与粒用大豆在碳水化合物组成方面有区别，粒用大豆中淀粉含量较低，而菜用大豆中淀粉占干重的10%，菜用大豆中低聚糖含量很低。菜用大豆中的蔗糖是甜味的主要来源，有研究发现蔗糖含量在籽粒发育早期持续上升，开花35天后就开始下降。开花后第33天到36天，蔗糖和游离氨基酸含量呈昼夜变化，依据开花后不同的天数收获对大豆的品质有所影响。菜用大豆比粒用大豆游离氨基酸的含量高，主要形式有天冬氨酸、组胺、丙氨酸和谷氨酸，而游离谷氨酸是所有氨基酸中含量最高的，占菜用大豆鲜重的0.43%。

3. 卫生品质

菜用大豆通常连壳煮沸5~8分钟即可食用，因此对卫生品质要求较高，要求豆荚含菌量少于每克300万个，不应含有大肠杆菌和沙门氏杆菌。

菜用大豆富含蛋白质、维生素A、维生素C、维生素E和食用纤维，营养价值很高。但是，煮熟的豆子里还含有蛋白酶抑制剂和一些抗营养因子。提高菜用大豆的品质要从产前、产后两方面着手，产后加工能保证大豆在到达消费者之前保持新鲜以及蔗糖和游离氨基酸的水平。菜用大豆市场上没有完整的分级制度，虽然关于外观的分级制度已有建立，但有关营养成分和食味品质方面还未涉及。

菜用大豆营养价值高、口感好，是公认的无公害或少污染的安全保健食品，深受消费者喜爱，国际市场对菜用大豆的需求量日益增加。我国要把握好这个有利时机，抢占国际市场，必须注重菜用大豆品质。首先加快培育和引进大荚大粒、外观品质好、可供加工出口的菜用大豆新品种，同时兼顾菜用大豆的食味营养品质，加强菜用大豆的品质和贮藏保鲜技术研究，提高菜用大豆产品的档次，与国外建立长期的产销关系。

4. 加工品质

市场上有两类菜用大豆产品，即新鲜的和冷冻的。菜用大豆作为一种辅助菜肴，特别适合与啤酒一起食用。豆荚在沸水中加少量盐煮5~10分钟后即可食用，日本人很喜欢大豆的口味和风味。冷冻大豆一般用于餐馆之类，而家庭里主要食用新鲜大豆。

鲜大豆的销售形式有两种，一种是豆荚与根、茎、叶连在一起整株出售，另一种是把豆荚从茎上摘下来以后单独出售。传统上在菜用大豆生产区和消费区附近，一般是豆荚与根、茎、叶一起整株出售。而现在较常见的是事先摘下豆荚，这样便于远距离运输和减少浪费。

大部分菜用大豆是用人工收获的，当大豆被整株出售时，植株拔起或连根拔起后，摘去不好的豆荚和叶子，使枝条紧贴在一起形成一小束。如果豆荚是被单独出售的，植株拔起后摘下豆荚，每 300～500 克一包，装在塑料保鲜袋子里，每 10 包或 20 包一纸箱。在日本和中国台湾也有用电动固定式采摘机采摘的，有人作过计算，用人工采摘 90.2 小时，只能摘 1.5 亩，而用机器可以摘 12 亩。

收获后，冷冻和软化前的时间越短，品质保持得越好，产后加工的关键是缩短冷冻和软化前的时间。

在冷冻条件下处理豆荚，对于保持它们的品质很重要。一般在大豆的生产区要对摘下来的豆荚进行冷冻处理，然后再运往消费点。对大豆的冷冻处理在真空状态下较好，因为温度下降迅速有利于保持大豆的品质。

（三）菜用大豆的品质劣变

菜用大豆收获后仍是活体，呼吸速率高，在高温下糖分降解很快，游离氨基酸也会在短期内下降；如果把收获后的豆荚置于室温（26 ± 2℃）和湿度为 66% 条件下 24 小时，丙氨酸和谷氨酸分别下降到收获时的三分之一和二分之一。在这种情况下，10 小时后甜度和口味的下降就可分辨出来。用机器采摘的豆荚两三天后会呈棕色，这是由于受伤细胞在酶的作用下合成了棕色物质。长得饱满的豆荚容易变质，而豆荚的颜色较浅，收获后会继续褪色，在湿度比较低的情况下容易褪色。

（四）菜用大豆产后加工和销售

从销售品质出发，外观比口味更重要，然而口味确实是一个很重要的因素，但在销售过程中无方法评估。由于对品质的评估主要通过外观来作出，因此好的或差的生产区的区分，主要是通过该产区豆荚的收获期和产后加工情况来决定。通常决定何时采摘比较困难,因为豆荚在不断地充实。为了选择最适采摘期,必须对开花后的天数、豆荚生长情况,以及种子成分与各豆荚颜色之间的关系作一些研究。

(五)提高菜用大豆品质方面遗传和生理研究

从产前、产后的角度看,菜用大豆品质的遗传特征是决定菜用大豆品质的基本因素。从遗传学上改进品质,特别是去除那些不理想的物质(主要是针对去除脂氧化酯酶蛋白)。经过改进后的菜用大豆子叶中含有更多的营养物质成分,如蛋白成分、蛋白中氨基酸的成分或脂肪中脂肪酸的成分。

绿荚期种子的游离氨基酸含量可以通过平衡蛋白合成酶活性和植株不同部位的氨基酸供应来达到。研究表明,调控等用大豆游离氨基酸库的主要作用酶是内种皮中的氮同化酶、天冬酰胺酶、谷氨酰胺合成酶、种子的谷氨酸合成酶。改进种子中游离氨基酸的含量,特别是谷氨酸的含量是未来的一个育种目标。

三、菜用大豆的类型和品种

我国大豆的主产地在东北、黄淮流域中下游和长江中下游各省区。其中北方春大豆区包括黑龙江、吉林、辽宁、内蒙古、宁夏、新疆、甘肃及河北、山西、陕西北部，为我国第一大豆产区。近年来仅东北三省的大豆种植面积就占全国大豆种植面积的40%，产量占总产的36%；黄淮春、夏大豆区包括山东、河南大部、河北、山西的中南部、关中平原、甘肃南部及江苏和安徽北部，为我国第二个大豆产区，种植面积河南省最大，达66.7万公顷；第三大豆产区为南方大豆区，主要是秦岭、淮河以南地区，较集中的产区有长江三角洲、江汉平原及湖南、闽北等地。浙江省大豆种植面积20世纪50年代为13.3万公顷，20世纪60~70年代有较大的下降，近年由于菜用大豆的发展，面积持续增加，2003年浙江省全年大豆种植面积11.65万公顷，菜用大豆种植面积就有5.64万公顷，占大豆种植面积的48.4%。2004年，全省有12个大豆品种通过了浙江省农作物品种审定委员会的审定，其中菜用大豆品种占了8个。

大豆品种繁多，分布广泛，在一定的地理纬度、自然条件、耕作和栽培条件下，以及根据人们对大豆产量的利用情况与要求，经定向选择和培育，形成了不同的大豆生态类型。菜用大豆与普通大豆相类似，也有多种多样的生态型。

（一）生育期生态型

大豆生育期主要受光、温度及栽培制度的影响，其地理分布也较有规律性。

美国和加拿大科学工作者，通过大量的品种试种、区域试验，根据所有品种在生育期方面的差别，将北起加拿大南部的极早熟类型到南至赤道附近的哥伦比亚的极迟熟类型，划分为13个成熟期组。我国大豆生产区地理纬度相差较大，栽培和耕作制度不相同，特别是中部及南部地区，复种指数高，播种期各异，因而大豆生育期类型和地理分布较为复杂。王金陵等（1957）将全国分为7个大豆成熟期类型。在不同的栽培制度下，不同的播种期使大豆在不同的光照长短与不同温度条件下生长发育。菜用大豆主要分布在长江流域及其以南地区。4月初春播时，大豆真叶出现后，光照时间日渐延长，因而只有短光照性较弱的大豆，才能既生长良好又能适期早熟。5月中下旬播种的夏大豆属中晚熟类型，但在生育期间为夏季高温，且光照时间已渐趋缩短，因而生育期只有110~115天。至于7月中下旬播种的秋大豆，属短光照性强的迟熟类型，实际生育期只有100~110天。

菜用大豆按生育期（指全生育期）可分为早、中、晚三种类型：

早熟类型：生育期90天以内，品种主要有华春18、萧山矮脚毛豆、95-1等。

中熟类型：生育期90~110天，如台湾75、台湾292、高雄2号、高雄3号等。

迟熟类型：生育期120~170天，如五香毛豆、兰溪大青豆等。

（二）结荚习性生态型

大豆的结荚习性是大豆的综合生长性状，与分枝性、株高、生长势态、繁茂程度及粒茎比等有密切关系，而这些性状又与生态环境条件密切相关。因此，大豆结荚习性有较明显的地理分布。根据大豆主茎和分枝的生长习性，可把大豆品种分为有限结荚习性、无限结荚习性和亚有限结荚习性三种类型。

1. 有限结荚习性

开花后茎停止生长，一般主茎较发达，上下粗细相差不大，节间较短，主茎和分枝顶端形成发达的顶花序。其特点是花期短、花荚集中，豆荚多分布在主茎的中上部，顶部叶片大，冠层封闭较严，结荚和成熟较一致。株较矮，多为直立，肥水良好时生长粗壮，不易倒伏，产量较高。长江流域、黄淮平原、辽宁东南部大豆以此为主。

2. 无限结荚习性

主茎和分枝的顶芽不转变成顶花序，在结荚期间仍继续生长，营养生长和生殖生长重叠的时间长。一般茎秆从下至上由粗变细，叶片越往上越小；它始花早，花期长，开花后营养生长仍维持相当长的一段时间，结荚分散，成熟不一致。株较高，多属丛生或蔓生型。但抗逆性较强，在干旱、缺肥的条件下，仍有一定的产量。吉林以北、内蒙古山区，山西、陕西关中地区以此为主，黄淮平原部分大豆也属此类。

3. 亚有限结荚习性

植株性状和特性介于上述两者之间，形成顶花序的时间迟。除主茎和分枝顶端有较多的花和荚之外，其他性状更接近于无限结荚习性类型。

不同菜用大豆品种结荚习性类型的选用，在生产上有重要的意义。在土壤较瘠薄、雨量稀少的干旱地区，则宜采用亚有限或无限结荚习性类型的品种；若土壤较肥沃或施肥水平较高，雨水较充足或排灌条件、机械化程度较高的地区，应选用有限结荚习性类型的品种。目前的菜用大豆品种，由于集约栽培的需要，大多为有限结荚习性品种，有些生育期长的品种表现为亚有限结荚习性，生产上几乎不用无限结荚习性的品种。

（三）籽粒大小和种皮色

栽培大豆是从百粒重小于 2 克的野生大豆经人类的定向选择，逐步积累变异而演化来的。栽培大豆按种子百粒重可分为大粒型（20 克以上）、中粒型（12 ~ 19.9 克）和小粒型（小于 12 克）。菜用大豆由于其商品性的需要，一般要求大粒品种，干籽百粒重要求 25 克以上。

图 2　青皮菜用大豆

图 3　褐皮菜用大豆

籽粒较大的品种，在自然条件优越、土壤肥沃、水分供应较充分的地块则生长较好，而籽粒较小的大豆品种较能适应不良的环境条件。因而在生产上，菜用大豆与普通大豆相比，较易受环境的影响，对肥水条件要求高,要求相对良好的生长环境,菜用大豆尤其是特大粒品种,在种植过程中会产生一些环境胁迫问题,如结荚少、荚不饱满、落花落荚,甚至不结荚等,造成生产上的损失。

大豆的种皮色可分为4类:(1)黄大豆,种皮为黄色;(2)青大豆,种皮为青色,按其子叶色又可分为青皮青仁和青皮黄仁两种;(3)黑大豆,种皮黑色,按子叶色又可分为乌皮青仁和乌皮黄仁两种;(4)其他色大豆,种皮为褐、茶、赤及杂花色等。菜用大豆基本上以黄色、绿色种皮为主。近年来,育种家们为丰富菜用大豆品种,新培育了一些黑、茶色豆品种,正在陆续投放市场。

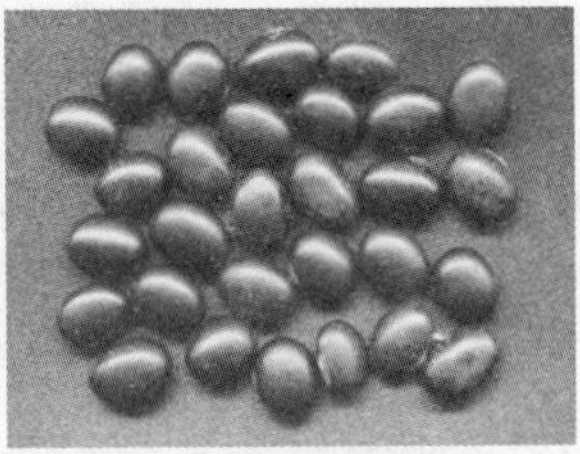

图4　黑皮菜用大豆

(四) 优良品种

我国栽培大豆的地区极为辽阔,各地都有适合于当地生态条件的品种类型,选用良种是大豆增产的主要环节之一。大豆优良品种应有较多的主茎节数、分枝数、每节结荚数和每荚粒数,同时具有瘪子少等特点。但不同用途,有不同的品种要求。菜用大豆应适于早播,且具有结荚早、荚大粒壮、白毛或少毛、百粒重大于20克、易煮烂的特点。在不同的生态条件下,大豆良种要具有不同的适应性能,干旱地区或干旱季节栽培的大豆应选叶面积小、根系发达的品种,若要选耐寒性、抗逆性较强的品种,以褐色或黑皮类型为好。

浙江省大豆品种资源丰富,有春、夏、秋大豆各种类型。春大豆有浙春1号、浙春2号、浙春3号、浙春4号、矮脚早、华春14等,春大豆中作为菜用大豆栽培的有台湾75、矮脚毛豆、华春18、辽鲜1号、引豆9701、8901、95－1等;夏大豆以地方品种为主,如平湖粗黄豆、元青(乌皮青仁)等;秋大豆有兰溪大青豆、早熟毛蓬青、九月黄等。这些大豆品种,生育期大多在100～200天。由于受各生长期光、温的影响,从出苗到开花的天数春大豆比秋大豆长;而从开花到成熟的天数,秋大豆比春大豆长;对光周期的敏感程度,以秋大豆最敏感,夏大豆次之,春大豆较迟钝。

（五）目前生产上栽培的主要菜用大豆品种

华春 18

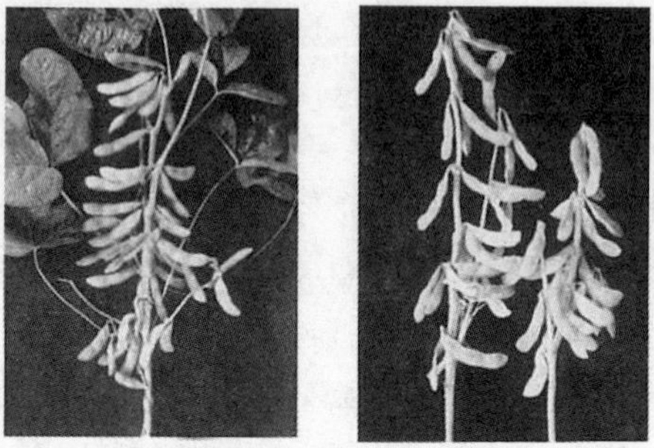

图 5　华春 18

华春 18 由浙江大学农学院育成，株型紧凑，株高 40 ~ 50 厘米，叶色浓绿，分枝短小。耐肥，抗倒，抗毒素病。有限结荚习性，结荚较密，70% 的荚果为三粒荚。鲜荚绿色，外形美观，豆粒大，无脐色，易煮烂，酥软可口，食味佳。干豆百粒重 20 ~ 22 克。早熟，3 月下旬播种，6 月上旬上市，开花结荚早，鼓粒快，采收期长，亩产 400 ~ 500 千克（图 5）。

矮脚毛豆

矮脚毛豆又称萧山矮脚毛豆，最早由来自日本的菜用大豆系统选育而成。植株矮小，株型紧凑，株高 35 ~ 40 厘米，分枝性中等，结荚部位低。叶卵圆，白花白毛。单株结荚 10 ~ 18 个，以二粒荚为主，荚较宽。具有较早熟、耐寒性较好、耐肥抗倒、毒素病较轻等优点。一般大田亩产鲜荚 450 千克。该品种粒较大，易煮酥，味香糯。干豆百粒重 22 克以上。1995 年浙江省种植 3 万多亩，1996 年 5 月通过浙江品种审定委员会的认定，曾经为浙江省早熟优质菜用大豆的主栽品种。

台湾 292

台湾 292 为福建省农业优良品种开发公司从亚洲蔬菜研究和发展中心引进和推广的品种。株高 35 ~ 40 厘米，主茎 9 ~ 10 节，节间较密，茎粗，分枝位低，单株分枝数 2 ~ 3 个，叶片较厚，叶柄较长。有限结荚习性，单株结荚 15 ~ 22 个。单粒、二粒、三粒荚分别为 28%、59%、13% 左右。白毛白花，外形美观，商品性好。成熟种子近圆形，脐褐色或白色。粒大，干豆百粒重 35 克。耐肥，需肥量大。亩产鲜荚 400 千克。主要缺点为大田抗病毒病较差。

台湾 305

台湾 305 也为福建省农业优良品种开发公司从亚洲蔬菜研究和

发展中心新引进和推广的品种。株高40～45厘米，单株结荚18～25个，白毛，其他特征特性同于台湾292。亩产鲜荚400千克以上。目前，台湾292和台湾305这两个品种除了用于鲜食外，主要用于速冻出口。

台湾75

台湾75由福建省从我国台湾引入，在厦门、漳州等地种植。该品种荚大粒粗，色翠绿，味清甜，糯性好，熟期早，是国内市场销售和速冻出口较好的品种。台湾75属早熟品种，在华东地区春季栽培，全生育期120天左右，有限结荚习性，主茎15～16节，分枝3.5个，株高90厘米左右，白花、圆叶、茸毛白色。干豆种皮浅绿色，脐淡褐色。百粒重36克左右。豆粒大小整齐，完整粒率高，着荚节位略高而偏稀，但荚分布均匀，二粒荚居多。一般亩产鲜荚700千克左右（图6）。

图6　台湾75

引豆4号

引豆4号（开交8157）由浙江省从东北地区引进，植株较矮，分枝较强，单株有效荚数13～15个，二粒居多，粒较大，丰产性较好，一般亩产490千克。但熟期偏迟。优点是豆荚较长时间保持绿色，采摘供应期长，可以延长上市时间，品质较好，抗逆性较强，既可作鲜毛豆供应，又可作老豆收获。

楚秀

楚秀为江苏淮阴农科所育成。株高约80厘米，直立，叶卵圆，较大，顶花序成荚率高。单株结荚25～30个，荚长5～6厘米。荚壳上有灰茸毛，植株清秀。干豆百粒重29克。抗倒伏、耐湿、耐热，花叶病轻，轻感霜霉病。全生育期105天，较耐迟播，亩产鲜荚600千克以上。在福建6月22日播种，8月底即可收获青荚上市，亩产鲜荚320千克，缓和了蔬菜供应的“秋淡”问题。

绿皮绿仁

绿皮绿仁为江苏省通州市推广品种。株高50～60厘米，茎秆粗壮，叶心脏形，色深绿，毛棕色。干豆百粒重37～38克。不论青豆或干豆，籽粒、种皮和子叶均为绿色。抗倒伏、耐肥，全生育期125～135天，亩产鲜荚380～450千克，适于长江中下游地区夏播。

衢鲜1号

衢鲜1号属有限结荚习性，株型直立，株高40～50厘米，单株平均节数11～15节，分枝2～3个，叶片椭圆形，叶色清秀，花白色、茸毛灰色，荚熟黄褐色。其种皮淡绿色，脐色淡褐，干籽百粒重35～40克，单株结荚数30个左右，单荚粒数1.8粒。荚宽粒大，百荚鲜重270～290克，鲜荚色翠绿，商品性好，产量高，鲜食味糯甜，略带香味，口感好，尤其适宜作夏秋季菜用大豆种植。经农业部油料及制品质量监督检验测试中心分析，其蛋白质含量48.05%，脂肪含量17.9%，属高蛋白质型品种，2003年鲜荚品质测定淀粉含量2.21%，可溶性糖含量1.42%。

萧农越秀

萧农越秀为浙江省农业厅农作物管理局、杭州市萧山区农业技术推广中心于2000年从萧山农家品种八月拔的变异株中，经系统选育而成的鲜食秋大豆品种(系)。株高60～65厘米，茎秆粗壮，叶大色深，长势旺，单株有效分枝3个左右。紫花，亚有限结荚习性，始荚高度为25～30厘米，单株有效荚20荚左右。7月上中旬播种，8月下旬始花，10月上中旬采收，播种至采收90天左右。鲜荚深绿色，白毛，分布略密。荚长近6.0厘米，荚宽1.5厘米以上，百荚鲜重在300克以上。以二粒荚为主，多粒荚比例75%以上。豆荚蒸煮酥糯、微甜，风味好，符合加工出口要求。亩产鲜荚750千克左右。2002年经嘉兴秀城、海宁、上虞、兰溪等地多点试种，鲜荚商品性好，单位面积产量高。

引豆9701

引豆9701是由浙江凤起农产有限公司引进的鲜食春大豆专用品种，早熟、优质、高产。2001年通过省品种审定委员会审定，目前已成为浙江省鲜食春大豆的主栽品种。该品种株高30～35厘米，株型较紧凑,叶椭圆形,叶色深绿,长势较旺。始荚高 9 厘米,每株有效分枝数 2 个,单株有效荚数 15 荚,每株粒数 30 粒左右。鲜荚深绿色、白毛,豆荚宽 1.3 厘米,长 4.9 厘米,荚大粒大,鲜荚壳较薄,二、三粒荚多,出籽率高,百荚鲜重 220~230 克。豆荚蒸煮酥糯、微甜,风味好。4 月上旬播种,6 月中旬收获,播种至采收仅 73 天左右,为目前省内最早熟品种之一。抗病性较强,抗病毒病、霜霉病;较耐低温,适宜设施栽培,实现早播种、早收获。

辽(鲜)选 1 号

辽(鲜)选 1 号是由辽宁省农科油料所专用大豆研究室育成的菜用大豆新品种。该品种熟期早,在华东地区的生育期为 70~75 天。株高 35~50 厘米,根系发达,茎秆粗壮,抗倒伏;白花、圆叶、茸毛灰白色。有限结荚习性,主茎 12 节左右,分枝 3~4 个,着荚密集。干豆种皮绿色,种脐淡褐色、黄子叶,百粒重 33 克左右。鲜荚大,色翠绿,品质优,糯性好,味清甜如同台湾 75,商品率高,采收期长。抗病性强,优于台湾 75。

浙鲜豆 1 号(原名 1827)

浙鲜豆 1 号由浙江省农科院作核所育成,经两年区试平均亩产为 570.6千克,比对照矮脚毛豆和台湾 75 分别增产 20.5% 和 14.0%。2004 年省生产试验,平均亩产 748.8 千克,比对照台湾 75 增产 18.7%。摘鲜豆生育期 86.2 天,比矮脚毛豆迟 3.4 天,比台湾 75 早 2 天。有限结荚习性,株高 38.2 厘米,株型收敛,主茎节间数 9.4 个,分枝数 2.0 个,叶片卵圆形、白花、灰毛。单株有效荚数 22.5 个,百荚鲜重 229.2 克,百粒鲜重 59.8 克。口味微甜,质地硬脆,鲜食品质较好。

浙鲜豆 2 号(浙 9814)

浙鲜豆 2 号由浙江省农业科学院作核所由矮脚白毛和富士见白育成。该品种白花,灰毛,有限结荚习性。平均生育期 85 天,株高 29.5厘米,主茎节数 8.9 个,分枝数 2.3 个,单株荚数 22.6 个,单株荚重 41.6 克,多粒荚率 73.4%。口感品质为鲜脆型。每 500 克标准荚数 202 个,荚长、荚宽分别为 5.2 厘米和 1.4 厘米,标准荚率 73.0%,百粒鲜重 60.4 克。轻感大豆花叶病毒病。两年区试平均亩产鲜荚

694.6 千克，比对照 AGS292 增产 2.6%。2004 年省生产试验，平均亩产鲜荚 667.6 千克，比对照 AGS292 增产 15.2%。

浙鲜豆 3 号（原名 8304）

浙鲜豆 3 号由浙江省农业科学院作核所由台湾 75 和大粒豆育成。该品种采鲜豆生育期 85.8 天，比台湾 75 早1.4天。有限结荚习性，株高 44.2 厘米，株型收敛，主茎节数 8.7 个，有效分枝数 2.1 个，叶片卵圆形、白花、灰毛。单株有效荚数 20.2 个，单荚粒数 1.9 粒，百荚鲜重 273.1 克，百粒鲜重 82.1 克。鲜荚颜色深绿，口味香甜，质地柔糯，食用品质较好。据省区试品质测定，鲜籽粒可溶性总糖含量 2.57%，淀粉含量 3.47%。2005 年省菜用大豆生产试验，平均亩产 550.0 千克，比对照台湾 75 增产 0.5%（图 7）。

图 7　浙鲜豆 3 号

浙鲜豆 5 号

浙鲜豆 5 号平均亩产鲜荚 750～820 千克，在浙江正常春播，生育期平均 86.9 天，比台湾 75 早 3.7 天，属中熟菜用型春大豆品种。该品种为有限结荚习性，株型收敛，株高 32.9 厘米，主茎节数 8.7 个，有效分枝数 3.0 个。叶片卵圆形，青荚淡绿色。单株有效荚数 22.4 个，平均每荚粒数 1.9 粒，百荚鲜重 230.4 克，百粒鲜重 64.0 克，百粒干重 33 克，种皮绿色，子叶黄色。该品种株高较低，主茎粗壮，耐肥、抗倒伏，适合于肥力中等或较好地区种植，品种的地域适应性和适种范围较广（图 8）。

图 8　浙鲜豆 5 号

浓姬

浓姬是从日本引进的高糖黑色菜用大豆品种，既是食品，又是药用材料，具有健脾补肾、清热解毒、利尿消肿、祛风活血、黑发明目之功效。该品种生育期85~90天。株高50厘米,有效分枝数4~6个,叶椭圆形,叶色深绿、白花,荚长5.5厘米,宽1.8厘米,大荚大粒,百荚鲜重281克,百粒鲜重86克,百粒干重38克,荚皮薄,剥鲜豆率78.6%,种皮黑色扁圆形,脐黑色,三粒荚占95.4%,荚色浓绿,鲜荚采摘期长。每亩留苗10000株密度下,产鲜荚1085千克。籽粒品质上乘,不仅易煮烂、甜度高、熟食甜面,适合儿童和中老年人胃口,而且种皮附有较厚白色衣膜,味道十分鲜美,质地香味浓郁。其食用品质可与台湾292相媲美。营养价值高,籽粒中含有丰富谷类所缺乏的赖氨酸,富含人体所需钙、铁、镁、硒等多种矿物质和维生素,包括粒用大豆所缺乏的维生素C(27毫克/100克)。各项食用品质的技术指标都达到国际公认的标准。该品种抗病虫害强,抗霜霉病、锈病,适宜保护地和露地栽培。

福成

福成是从日本引进的早熟茶色菜用大豆新品种,并获得日本农林水产省登记。该品种表现早熟,生育期75~80天,株高45~50厘米,有效分枝数3~4个,叶椭圆形,白花,株型紧凑,荚长5.1厘米、宽1.4厘米,大荚大粒,百荚鲜重278克,百粒鲜重84克,百粒干重37克,荚皮薄,剥鲜豆率75.8%,种皮茶色扁圆形,脐白色,每荚二、三粒居多,籽粒相邻,荚色鲜绿。坐荚数多,亩产鲜荚750~900千克。籽粒品质上乘,食味清香高雅,口感香甜浓郁,适口性佳,商品价值高。抗虫害,抗霜霉病、锈病,适宜露地和保护地栽培。

浙江省还有一批农家菜用大豆品种,如五香毛豆、兰溪大青豆等,在浙江省种植的历史较长,并以粒大质优而著称,一般作夏大豆用。

四、菜用大豆的形态特性和生育特点

（一）菜用大豆的植物学特性

1. 根

毛豆根系发达，近地面7～8厘米处主根较粗，侧根水平伸展40～50厘米后入土深1米左右，好气性强，适宜在土壤肥沃、活土层深厚、有机质含量高的沙质土壤中栽培。根部有强壮的根瘤菌共生，固氮能力强，可有效改善土质，培肥地力。根瘤菌是杆状的好气性细菌，其繁殖需要从毛豆植株得到碳水化合物和磷，施用磷肥，培育壮苗，使植株能充分供应根瘤菌所需的营养物质，使根瘤形成早，数量多，从而固氮多，植株生长旺盛。

2. 茎

有限生长型的直立性品种较好，茎秆坚韧，株高30～100厘米。茎直立或半直立，圆形而有不规则棱角，上有灰白至黄褐色茸毛，嫩茎绿或紫色，绿茎开白花，紫茎开紫花。老茎灰黄或棕褐色。叶腋抽出分枝，或不分枝。

3. 叶

初生单叶一对，互生，以后为三出复叶，小叶卵圆形，有些特殊的品种小叶有4～5叶。叶柄基部有三角形托叶一对。叶面有茸毛或无。

4. 花

短总状花序，腋生或顶生，花小，白或紫色，花冠蝶形，雄蕊10个(9+1)，雌蕊1个。大豆自花授粉，天然杂交率不超过1%，花序着生8～10朵花，花期1～2天，花开放前已完成自花授粉，每花序结荚3～5个，每荚结籽2～4粒。

5. 荚果和种子

荚果矩形扁平，嫩荚绿色，成熟时黄、褐或深褐色。荚果表面密布茸毛，毛色黄褐或灰白（俗称白毛），菜用大豆品种以白毛品种为好，尤其是菜用大豆作为鲜售蔬菜，白毛品种可以增加新鲜度。现在也有稀毛或无毛品种（图9、图10）。种子椭圆或圆形，无胚乳，百粒重10～50克，大多数菜用大豆品种的百粒重为20～35克，种子寿命2～4年，多数菜用大豆品种由于种子大，种子寿命较短，容易劣变和失活。

图9　稀毛豆荚菜用大豆

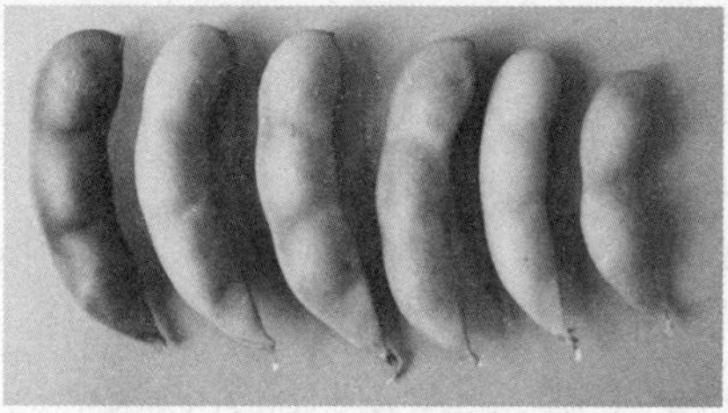

图10　无毛豆荚菜用大豆

（二）菜用大豆的生育特点

大豆的一生包括种子的萌发、出苗、发根、分枝、现蕾、开花、结荚、鼓粒及成熟等过程。大豆的生长发育过程可分为6个时期：发芽出苗期、幼苗生长期、花芽分化期、开花期、结荚鼓粒期、成熟期。前三个时期是以发根、长叶、发生分枝为主的营养生长期，第四个时期是营养生长和生殖生长的并进时期，后两个时期是以荚果形成为主的生殖生长期。菜用大豆由于在豆荚鼓满时采收，因而在未达到生理成熟时就完成生育周期。

1. 种子发芽和出苗过程

大豆为双子叶植物，种子无胚乳，有2片肥大的子叶，发芽时子叶出土。大豆种子在适宜的条件下萌发，首先胚根穿过珠孔、突破种皮而扎入土中，以后形成主根；其次下胚轴迅速伸长，其弯曲部分逐渐上升，把胚芽连同子叶一起顶出土面，以后长成主茎和枝叶。子叶出土，种皮脱落时，即为出苗。子叶出土后，变成绿色。出苗所需时间依播种期和气温高低而不同，一般为4～15天。出苗时，一般子叶离开种皮而使种皮留在土内，但如果种子活力不强或发芽条件不适，则出土的子叶仍黏附有种皮，使子叶不能及时展开或展开不畅，影响幼苗生长，严重者还可能引起幼苗发病死亡。

种子在适宜的温度、水分和空气条件下，才能发芽。通常18℃～20℃时，种子发芽快而整齐，播后6天即达齐苗。大田条件下，土壤温度需稳定在10℃以上才可播种。种子富含蛋白质和油分，发芽时需吸收足够的水分。一般要求土壤田间持水量为70%～80%，需吸收种子本身重的1.2～1.5倍水分才可发芽；适宜的空气有利于种子的呼吸，促进种子内养分的转化。因此，播种时要求整地质量高，土壤平坦疏松，同时播种不宜过深，以利于大豆的顶土出苗。

2. 幼苗生长的过程

幼苗生长期主要表现为发根、出叶及主茎的生长。叶片分为子叶、单叶和复叶。出苗后，子叶展开变绿并进行光合作用，这对促进幼苗的生育有重要的作用。随着幼茎的生长，单叶展开，此时苗高3～6厘米，称为单叶期。随后，茎顶端分化出复叶，在苗期，复叶的出叶间隔为5～6天。

大豆为主根系，出苗后，胚根伸长为主根，发芽后5～7天在其周围形成4排侧根，向水平方向扩展和向下延伸。主根长度相差不大，但侧根数有随着播深加深而减少的趋势。大豆播深一般以4厘米产量最高，多雨年份播深以3厘米为好，干旱年份则以5厘米为好。

在培土或土壤水分充足时，大豆胚轴和茎基部均可发生不定根。这些不定根是由近形成层的射线薄壁细胞在恢复分裂能力后分化形成的。若进行人工断根处理，断根的最佳部位在胚轴与主根交界处。大豆根的大部分集中于地表至20厘米表土耕层之内。从横向分布看，根重的78%～83%集中在离植株0～5厘米的土体内。

根瘤在出苗后5～6天开始形成。根瘤菌由侵染丝通过根毛进入内皮层细胞，内皮层细胞因受根瘤苗分泌物的刺激在根上形成根瘤。固氮在出苗后2～3周开始，以后固氮能力逐渐增强。

幼苗出土至花芽分化需20～25天，约占整个生育期的1/5。在苗期，大豆的生长较为缓慢，其中地上部分又比地下部分生长缓慢，春大豆在幼苗生长期气温低，生长速度比夏、秋大豆缓慢。种子萌发后，第二个三出复叶发生需3～3.5天，以后的各个复叶发生大约需2～3天，约每隔3～4天出现一片复叶。

最适合幼苗生长的日平均温度为20℃以上，但此期幼苗能耐低温和干旱。此时幼苗叶面积较小，耗水量低，所以较能忍受干旱。幼苗生长期叶面积小，叶面积指数仅为0.2左右，但根系吸收氮、磷的速度较快，虽然根瘤形成，但固氮能力不强，因此，苗期还需补充一定的氮素营养。

大豆属短日照植物，光周期影响大豆的发育。一般认为，出苗后1周，对光照条件有反应。出苗后约16天，在一定的短日照条件下处理10天，即能通过光照阶段。另外，光周期效应不仅制约开花，也影响开花以后的发育时期，如结荚期、成熟期。

3. 花芽分化期

一般自出苗后20~30天，即开始花芽分化，从花芽分化至始花，为花芽分化期。此期是分枝发生和生长的主要时期，其特点是花芽相继分化，分枝不断发生，营养生长速度日渐加快，是大豆生长发育的旺盛时期。

当植株完成一定的营养生长以后，茎尖的分生组织开始发生花或花序原基。从花原基出现到花开放一般为25~30天。大豆花芽分化的早晚，因品种和环境条件而异。大豆的花芽分化过程及其历经的天数可划分如下：

花芽分化期：开花前30~20天；

雌蕊心皮分化期：开花前20~15天；

胚珠及花药原始体分化期：开花前10天；

雄性生殖细胞分裂期：开花前7~5天；

雌性生殖细胞分裂期：开花前4天。

大豆植株形成的花虽然很多，但花和蕾的脱落率很高，一般达30%~50%，多的高达70%。花芽分化期间，分枝也在生长，与分枝的发生与出叶有一定的关系。通常出叶节位与分枝节位相差4个节。然而，子叶和单叶上的分枝常常延迟或不萌发。复叶以上的茎节，随着主茎的发育，依次由下而上陆续发生分枝，当植株的花芽分化结束时，分枝的发生随之停止。

植株茎上的节是由茎尖分生组织细胞不断分生而产生，主茎节数与生育期有关。不同品种和不同栽培条件下的主茎节数差异很大，少的6～7个节，多的30余个节。分枝是由主茎节上的腋芽发育而成的，子叶、单叶或复叶的叶腋都可能产生分枝。一般植株下部各节上的腋芽常发育成分枝。分枝的多少和长短受遗传性的制约，同时与环境因素的差异有关。空间大、肥力高，形成分枝多；空间小、肥力低，形成分枝少。

花芽的分化受日照长短的影响，短日照促进花芽的分化，长日照延缓花芽的分化。花芽分化还受温度的影响，在15℃～25℃的温度下，有利花芽形成，超过25℃则延缓分化。花芽分化期要求的最低温度是11℃，低于这个温度，大豆的花芽分化即受阻，始花期延迟。在各生育期中，该阶段对低温最敏感，是生育生理上低温冷害的关键时期。

花芽分化与否或迟早，依品种的原产地的地理纬度、品种的生育期类型及播种期的不同而有较大差异。花芽分化期是大豆生长发育的旺盛时期，植株生长量较大。这一时期与幼苗生长期比较，矿质养分日平均积累速度增加4倍，叶片数增加1.5倍，叶面积增加约4倍，植株达总株高的一半，茎粗增长70%。此期植株营养物质的输送，地上部分主要集中于主茎生长点和腋芽。若养分不足，首先影响腋芽。因此，此时需要良好的环境条件，满足植株旺盛生长和花芽不断分化的需要，达到株壮、枝多、花芽多的目的。

4. 开花期

花芽分化完成后开始膨大，但花萼仍紧闭，包住花冠；接着花萼略开，可见花瓣。继之雄蕊伸长，花萼逐步开放，花瓣与花萼齐平，雄蕊继续伸长，与雌蕊高度接近，不久花瓣稍高于花萼，雄蕊与雌蕊高度相同，花粉囊裂开，花粉粒落于柱头，开始授粉受精过程。随后花冠展开，称为开花，但也有些品种花冠不展开或展开不畅。一个花蕾从形成到完全开放一般需3～7天，开花只需1天即完成。始花后1～11天开花最盛。每天的开花数量以早上为多，占70%～80%，早晨6时开花，8～10时盛开，下午4时后基本停止。开花时期的长短也因品种和环境条件而有变化，一般为18～40天。开花的最适昼夜温度分别为22℃～29℃和18℃～24℃，最低温度为16℃～18℃。过高或过低都会抑制开花。空气相对湿度在70%～80%、土壤最大持水量在70%～80%时对开花最为适宜。

5. 结荚鼓粒期

(1) 受精和胚珠发育过程

大豆是自花授粉、闭花受精的作物。花冠未开放前，花药已裂药散粉，持续达2～3小时，花粉的可育率为80%～95%。花粉萌发后，进入珠孔，与胚珠进行双受精。成熟的花粉粒具有一个营养细胞和一个生殖细胞。自花授粉后，落到柱头上的花粉随即萌发，从3个萌发孔中的任何一个长出一条花粉管，生殖细胞很快进入其中。受精前的成熟胚囊中有一个卵细胞、两个助细胞和具次生核的中央细胞。花粉发芽15～20分钟后花冠开放。开花后7～10天，分化种皮各组织，15～20天分化子叶，随后分化初生叶，30天后分化第一复叶。

(2) 豆荚形成与品质相关内含物的积累

开花受精后，子房随之膨大，接着出现软而小的青色豆荚。开花后10天，豆荚迅速生长；开花后20天，豆荚长度达全长的90%左右；25～30天才达最大宽度。厚度的增加，在豆荚伸长结束时才开始。种子干物质的积累，其重量的增加比体积的增加稍迟。在开花后10天内增加缓慢，荚长一般在1.3厘米左右，以后的1周增加很快，每天平均增长0.4厘米左右(图11)。

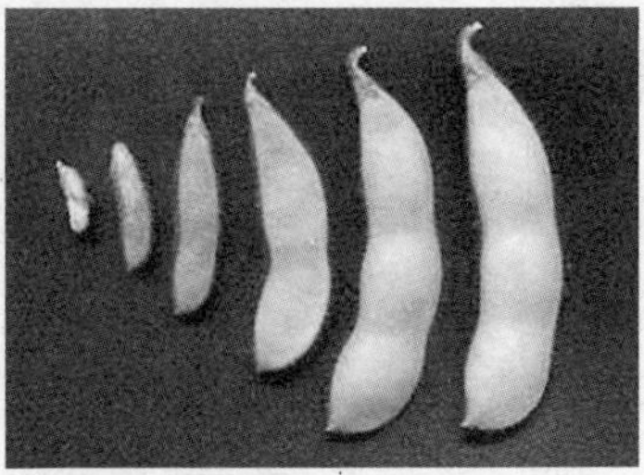

图11　菜用大豆豆荚

豆荚的长度和宽度在生殖生长早期就相对固定下来，然后籽粒迅速充实，接着豆荚扩展，豆荚的厚度和重量增加。菜用大豆的口味与种子的蔗糖成分和谷氨酸成分密切相关，因此有必要对种子中蔗糖和游离氨基酸的成分作出评估。种子的糖类主要有葡萄糖、果糖和蔗糖，蔗糖含量比较高，豆荚生长早期总的蔗糖含量缓慢上升，到中期后保持平稳状态，果糖和葡萄糖的含量下降。游离氨基酸随着豆荚的伸长逐渐下降，为了有较好的口味，最好尽早收获。把豆荚颜色作为指标，最好在开花后40天以前收获。不同品种的最佳收获时间有一定的差别，一般当主茎上有 40% 的豆荚完全充实时进行收获较适合。豆荚充实的速度较快，最适收获时间一般只有 2 天或 3 天。

（3）种子发育及干物质积累

子房单室，内具 2～4 个胚珠，以 3 个为多。胚珠以珠柄着生在腹缝线上，弯生，珠孔向上，开口于腹缝一侧。直到受精后 14 天，胚乳及胚组织的相对比例仍然相同。随着子叶的迅速生长，胚乳很快被吸收，在受精后 18～20 天，只剩下胚乳的残余。在胚的发育过程中，胚珠的珠被形成了种皮，珠孔变为种孔，种脐即为胚珠珠柄成熟断落后的痕迹。一个胚珠即成为一粒种子。

种子极大部分的干物质是在开花后 30 天左右积累的。种子发育过程中，随着种子的增大，粗脂肪、蛋白质等逐渐增加，淀粉与还原糖则逐渐减少，灰分中的磷也逐渐增加。种子中蛋白质与油分的积累比较迟，开花后 30～45 天才达总量的 1/2 左右。花后 20～40 天之间粒重的增长占总粒重的 70% ～80%，单粒重的最大日增长量为 7.51 毫克。多数品种在开花后 35～45 天籽粒增重最快。

（4）结荚鼓粒期对环境条件的要求

在结荚鼓粒期生殖生长占主导地位，植株体内的营养物质开始再分配和再利用，籽粒和荚果成为这一时期唯一的养分聚集中心。此时的环境条件，对结荚率、每荚粒数、粒重及产量有很大的影响。大豆结荚鼓粒喜凉爽的天气，但结荚期温度至少要在 15℃以上，至鼓粒阶段能耐 9℃的低温。进入鼓粒后，温度稍低有利于物质的积累。南方菜用春大豆的结荚鼓粒期正处于 5 月下旬以后，一般不会遇到低温问题，鼓粒期如气候凉爽，昼夜温差大，土壤水分适宜，不但有利于籽粒充实、粒重提高，还可以增加油分。

6. 成熟期

随着豆粒的形成，光合产物大部分输送给豆粒的膨大，菜用大豆留种或繁种种子在养分充实后，水分逐渐减少，有机物质积累达最高峰，最后种子变硬而呈品种固有的形状、大小和色泽，荚也呈固有颜色，此时称为成熟期。

五、菜用大豆对环境条件的要求及其逆境生理

大豆生长发育过程中需要丰富的多种营养元素，各元素间具有适当的比例，辅以满足这种需要达到高产、优质的途径和方法。菜用大豆比普通大豆对肥水的要求更高，对环境条件的反应更敏感。

（一）大豆营养与施肥

1. 需肥量

大豆生育所需要的营养元素有 17 种。据分析，籽粒产量为 4000 千克/公顷，植株总干重（包括根系）约 8800 千克。其化学成分为碳 3920 千克、氢 500 千克、氧 3700 千克、氮 260 千克、磷 34 千克、钾 125 千克、钙 90 千克、镁 40 千克、硫 28 千克及少量的氯、铁、锰、锌、铜、硼、钼和钴等。菜用大豆植株的氮素来源，一是根从土壤吸收的化合态氮，二是大豆根瘤菌固定空气中的游离氮素。其余元素是从土壤中吸收的。大豆对氮、磷、钾的需要量较大，生产上必须施肥给以补充。

氮素是大豆形成新器官和生成籽粒蛋白质的原料，并参与蛋白质合成过程，是高产中的决定因素。大豆缺氮时，外观生长缓慢，分枝减少，植株短小，老叶片首先变为黄色。刚转黄的叶子如及时施用氮肥，仍能恢复正常绿色。大豆所需氮素其中 1/4 ~ 2/3 是从根瘤菌共生固氮中获得。为获得高产，只靠根瘤菌供应是不够的，其余的还需从土壤中获得。每 100 克土壤中水解氮含量在 5 毫克以上时，施氮增产效果不显著，3 毫克左右时，施氮增产显著。菜用大豆由于生育进程快、采收早，且为增加后期豆荚的绿色色泽，往往要比普通大豆施氮量更多，一般增加 10% ~ 20% 。

氮肥对植物体内的维生素 C 的含量有影响，试验结果表明，菜用大豆增施氮肥有利于提高籽粒中维生素 C 的含量。

磷是大豆形成新器官和生成籽粒蛋白质所必需的，并参与蛋白质合成过程，在植株有机物质的转化和运输过程中起重要作用，而脂肪

合成和分解需要磷。此外,磷还可促进早熟和根瘤的共生。在植株早期缺磷时,叶色深绿,随后在底部叶的叶脉间失绿,最后叶脉也呈现缺绿,开花后叶上有棕色斑点,严重缺磷时,茎变为红色,根呈棕色。在各类土壤中施用磷肥均有增产效果,但肥效与土壤肥力基础及施用方法等有密切关系。一般每 100 克土壤中含速效磷 6 毫克以上时,施磷增产效果不明显;含 1 ~2 毫克时,施磷增产效果显著。

钾与碳水化合物运转有关,对气孔开放有特殊作用。植株缺钾时会延迟大豆的成熟,降低籽粒的质量。钾的流动性很强,易从较老的组织转移到根和芽的生长点。大豆缺钾时植株下层叶的小叶边缘会出现不整形的黄斑,叶中心部分仍为深色,叶尖及叶缘变黄色并逐渐向内发展,叶片脉间凸起、皱缩,叶片前端向下卷曲,最后变成棕色而枯死。每 100 克土壤中有效钾含量低于 5 毫克时,施钾肥有明显增产效果。

钙在维管束、膜物质的形成和碳水化合物的运输上起重要作用。酸性土壤中施钙可以调节土壤酸碱度,促进根瘤生长,还能促进大豆植株生长点细胞分裂,加速幼嫩部分的生长。

钼是大豆根瘤固氮酶和硝酸还原酶的金属成分,是共生固氮和硝酸还原作用必不可少的。大豆花芽分化后,才从土壤中吸收钼,鼓粒期根系和荚壳中的钼向籽粒中转移,并积累。大豆缺钼时,根瘤的生长及豆血红蛋白和氨基酸的合成均受到抑制。大豆对钼的需要量虽很少,但钼仍为重要的微量元素,每产 100 千克大豆籽粒约需钼 300 毫克。

2. 需肥时间

需肥规律表现在不同生育时期对氮、磷、钾的吸收与干物质积累过程相一致,幼株吸收养分的速率慢,开花期以后增快,植株开始衰老时,吸收速率降低。在籽粒开始形成以前,植株已吸收 60% 的氮、55% 的磷和 60% 的钾。

苗期至分枝期是大豆营养器官形成的重要时期,也是花芽开始分化时期。此期缺氮、磷、钾任何一种元素,不仅初期生育受到抑制,即使以后恢复正常的营养条件,后期生育也不好。如苗期土壤中有足够的磷，能增加花芽分化的数量。在施足基肥的基础上，以种肥为主，重施磷肥。有机肥料肥效长且稳定，不仅能满足苗期至分枝期吸收养分的需要，而且特别符合生育后期需肥多的要求。在肥沃的土壤中直接施无机氮肥，增产效果不明显，甚至多施氮肥会抑制大豆根瘤的生长，降低固氮作用，反而减产。

开花期需氮、磷、钾元素量迅速增长。氮、磷、钾总量的2/3是开花期以后吸收的。此时期缺氮和钙，则花荚脱落率增高，籽粒产量受到严重影响。可借助组织分析方法进行营养诊断：开花后期最上层长成叶的氮素含量（占干重）4.0%以下为缺乏，7.0%以上为过剩；磷元素含量0.15%以下为缺乏，0.8%以上为过剩；钾元素含量1.25%以下为缺乏，2.75%以上为过剩。

开花期间是植株生命活动最旺盛的时期，表现在植株体内含糖量、含氮量的增加，如始花期的净光合生产率在全生育期最高，全株含糖绝对值比花芽分化期增加约15倍之多；各器官糖、氮代谢作用旺盛，呼吸强度增强，根系伤流量加大，茎叶的营养物质开始流向生殖器官。此期，根瘤数和固氮量也随着生育进程而达最高值。因此，在这个时期应改善生长发育条件，增加通风透光，适当灌溉和追施磷、钾肥，达到增花保荚的目的。

结荚至鼓粒期是产量形成的关键时期。根吸收的无机氮、根瘤固氮、茎叶暂存的氮都运向花荚。此期如氮、磷、钾供给不足，籽粒生产受到严重阻碍。从终花期以前10天到以后的3~4周，是肥料氮素和共生固定氮素对籽粒生产效率最高的时期。氮素的吸收量每增加1克，籽粒的重量可增加15~18克。此时大豆营养主要靠前期施入的基肥或花期的追肥。鼓粒期，尤其是末期，氮、磷、钾从叶和茎部分转移到籽粒中。

3. 氮肥施用方法与根瘤菌固氮的关系

氮肥料施用合理可促进植株对土壤中氮的吸收，而且对氮肥的吸收有激发、启动作用，可增加植株的总氮量。虽然施氮对大豆共生固氮有影响，但总氮量在鼓粒期有50%的流转率。由于氮浓度过高会对根瘤菌及固氮有抑制，但不是绝对抑制，时间可以错开。苗期施氮，虽对根瘤菌有暂时抑制，但光合产物增加，提供根瘤菌以物质基础。初花期，营养和生殖生长旺盛，需大量的养分，根瘤活性虽强，但仍不能满足对养分的要求，施氮为以后的旺盛生长创造条件，初花期施氮肥，对根瘤菌虽有抑制，但鼓粒期固氮达到最旺盛，为根瘤菌活动达高峰创造条件。从肥料种类的效果看，有机氮肥 > 尿素氮肥 > 硝态氮肥 > 氨态氮肥，而以碳氨、氨水效果较差。在氮肥施用时，应控制氮肥用量：一般亩施 3 ~ 5 千克纯氮是适宜的。施肥方法有深施、隔行施、前作施等。

（二）菜用大豆缺钾症及其预防

菜用大豆缺钾现象，不论是春季还是秋季栽培均会发生。其症状是下位叶（不一定是最下面的叶片）边缘褪绿黄白化，但通常并不很快褐变而能持续一些时期，菜农称之为“镶金边”，梅雨季节多发，故又称“梅雨瘟”。这主要是雨水的冲刷和淋洗，使土壤中钾离子损耗或大豆吸收功能差而出现缺钾现象。进入花荚期，下位老叶边缘枯焦，叶面皱缩不平，色泽加深常呈青铜色。最终导致结荚稀少，秕荚多，籽粒不饱满，产量、品质均显著下降。

缺钾症的预防主要通过土壤施肥或根外追肥的方法，如使用氮磷钾水溶性复合肥（19 - 19 - 19）或磷酸二氢钾等肥料均可。具体方法为：①灌根（滴灌、喷灌、浇灌、漫灌），每次用量 0.5 ~ 1 千克/亩，兑水 500 ~ 1000 倍，每隔 7 ~ 10 天施肥 1 次；②叶面喷施，每 15 升水加磷酸二氢钾 15 ~ 20 克，溶解后盛入喷雾器喷洒叶面，每隔 7 ~ 10 天 1 次。

（三）菜用大豆种子的劣变及其全苗对策

1. 菜用大豆种子劣变现象和生理原因

生产上菜用大豆种子劣变的现象主要有：

①不萌发，主要为种子质量问题。

②能够出苗，但表现为胚根不正常，如扭曲、弯，肿大、畸形，出苗过程中种子不转身，胚根朝上生长。

③能出苗，但种皮黏连，子叶部分腐烂。

分析种子劣变的原因，一是由于种子含有较多的油分和蛋白质，在种子成熟和贮藏过程中易受环境条件的影响而失去活力，成熟过程的高温、多湿往往导致种子失活。在南方产区，春播在种子形成期间温度高，平均为30℃左右，而秋播种子则为16℃～17℃左右。种子在鼓粒期处于高温、高湿下会导致种子萌发率、活力和物理质量的线性下降；此外，高温使种皮皱缩、种子充实度降低，若不及时收、脱、晒、藏，则使种子生活力严重丧失；收获期间的高温干旱会使种子含水量急剧下降，引起种子表皮的机械损伤，它与种子劣变密切相关。

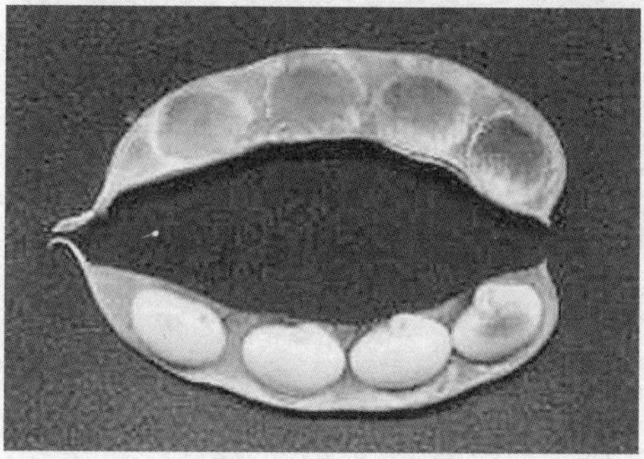

图12　豆荚内发芽

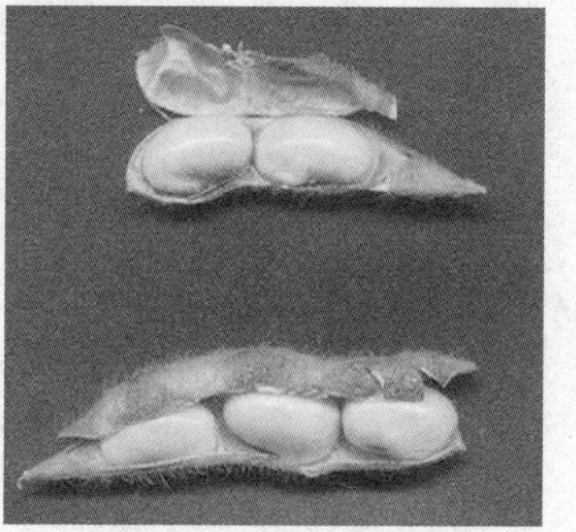

图13　豆荚内发芽

二是生产上种植的多数为大粒品种，且种子无明显的休眠期，一般开花后35～40天即具有发芽能力，在高温、多湿环境下在植株上易致劣变，甚至“胎萌”或在豆荚内发芽（图12、图13）。同时，大豆外有荚壳包裹，成熟过程失水慢，荚内湿度大。

三是病害加重。很多种病菌会侵染大豆种子，高温加多雨，利于真菌的侵染和繁衍，使病害加重，轻度不表现，重者烂荚烂种，不明显者侵染潜伏。真菌侵染会间接影响种子的活力。

四是大豆属子叶出土作物，子叶大，种子活力较差时会引起发芽出苗困难，导致田间出苗率低。

不同地区菜用大豆种子的活力存在着较大的差异。东北地区为大豆主产区，从季节类型上看主要为春大豆，成熟时气候凉爽，温差大，利于种子形成和干物质积累，种子质量好。长江中下游地区的菜用大豆为春、夏、秋多种季节生态型并存，除秋大豆在成熟时偶遇低温、霜冻而致种子质量略差外，春大豆种子成熟时高温、多湿，或贮藏过程的高温，易使种子劣变。

2. 菜用大豆种子的全苗对策

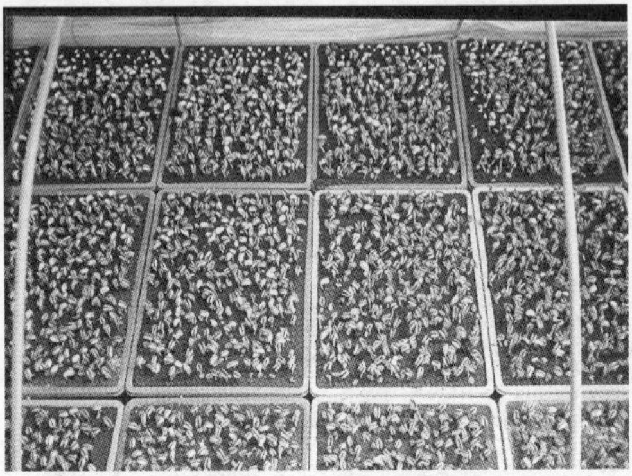

图 14 种子包衣后发芽的菜用大豆种子

菜用春大豆　　菜用春大豆的烂种缺苗在生产上较为常见,主要原因是种子的生活力差、顶土力弱及播种期间受环境条件的影响。菜用大豆春播期间低温寒潮天气较多,土温低于12℃或水分太多、土壤闭塞皆造成烂种、缺苗。春大豆的全苗对策是:①菜用春大豆成熟时,在晴天收获,快脱粒,快干燥,避免过早或过迟收获,更应避免带叶堆蓬,保持种子的生命力。②种子干燥后,应立即收藏,防止贮藏期间受潮,一般采用石灰坛藏法,种子上面放草木灰,坛口密封。③采用翻秋留种法,大豆收后立即翻秋,翻秋种子即为"二青子",作为第二年的播种用种。翻秋种子在秋季凉爽气候条件下成熟,种子发芽出苗率可达95%以上,质量好。春大豆翻秋时,植株发育快,株体小,单株生产力低,应增加密度,每亩宜5万~6万株,并应足水、足肥、早管。④异地(北方)或高山留种:南方地区的春大豆原种或优良品种在北方繁种是获得高活力种子的有效途径,在一定的范围内,高山留种也是生产高活力种子的有效方法。⑤改善春大豆的播种条件,如抢晴播种、地膜覆盖、育苗移栽等方法,另外辅之以焦泥灰盖种、清沟排水等措施。⑥种子包衣技术,可以改善大豆的发芽特性,并有增产效果(图14)。

菜用秋大豆　　菜用秋大豆播种期为7月底8月初,此时正值高温干旱天气,易发芽但又易因缺水而产生烧芽;又是雷阵雨频繁的时期,若播后遇雷阵雨,土壤板结,空气不足,种子会闷死腐烂。秋大豆的全苗对策有:①稻桩豆法,利用稻桩的集水和覆盖作用来保证出苗;②抢墒套种法,利用前作的遮荫挡雨作用,把秋豆在雨后播入前作行间;③覆盖法,播后采用稻草或其他秸秆覆盖,但忌用地膜或尼龙薄膜,以防温度过高。

3. 菜用大豆种子的安全贮藏

菜用大豆的种子贮藏比普通大豆种子更严格。种子收获后,及时脱粒,清选,晒干。种子不耐高温,暴晒会使种子中的蛋白质和油分变性,出现走油,影响发芽和种子品质。贮藏期要求低温、干燥的条件,温度≤10℃,种子含水≤9%,在安全贮藏条件下,能保存或维持活力,但不能提高活力。防止贮藏期间受潮,农户一般采用石灰坛藏法,种子上面放草木灰,坛口密封;在种子贮藏前进行种子纯度、净度、发芽率、含水量和病虫害检验。开始贮藏时的种子含水量应不超过12%~13%。在含水量降低到10%时则更安全可靠。据试验,如贮藏温度为20℃,种子含水量为18%时,5个月以上便丧失发芽力。而种子含水量为13.5%时可保持2年。如种子含水量为8%,贮藏5年仍有90%的发芽率。如贮藏温度为2℃,在上述种子含水量的条件下,可保持6~10年。

(四)菜用大豆的重茬、连作障碍

1. 茬口的概念

从作物种植的衔接方式上说,茬口有正茬、重茬、迎茬之分。一般正茬是指同一地块上,在种植其他作物至少2年之后再种植此种作物的倒茬方式。东北大豆产区,一年只种一季农作物,此种大豆的正茬指年度间的轮作,南方则为复种轮作。重茬是指同一地块上,连续2年或数年种植同一种作物,如大豆—大豆—大豆。迎茬则是同一地块,第一年种植一种作物,第二年更换种植另一种作物,第三年所种植的作物与第一年相同。换言之,迎茬只是间隔1年又种植同一种作物的倒茬方式,如大豆—小麦—大豆。

2. 主产区的轮作换茬方式

一般来说,在作物构成中,大豆的种植面积应当控制在33%左右。这样可以使所有的耕地每隔2年种一茬大豆。但是,有的大豆主产区,包括南方菜用大豆种植面积过大,以致造成重茬、迎茬面积增加,造成大豆产量和品质下降。

3. 连作的减产效应

在美国20世纪70年代开始有较多的实例说明大豆连作造成了减产。Jeffers(1970)在俄亥俄州比较了大豆连作和轮作的产量。结果表明,2年轮作的大豆比连作大豆增产3%,3年轮作的大豆比连作大豆增产6%。在伊利诺斯州中部进行的为期10年的试验表明,实行玉米—玉米—大豆或玉米—大豆—小麦3年轮作的大豆平均单产比连作大豆高14%。Crookston等(1991)在明尼苏达州所进行的为期9年的试验表明,3年轮作使大豆和玉米产量分别增加15%和17%。在日本,也有大豆重茬即减产26%的报道。

对黑龙江省宝清县东汉村低湿草甸土大豆重茬年限对产量和产品品质的影响的调查表明,大豆重茬年限越长,减产幅度越大,病虫粒率也多。重茬三四年,大豆产量还不及正茬产量的一半。

4. 连作障碍机理

①土壤微生物区系发生较大的变化

连作土壤真菌的数量明显地多于轮作土壤的真菌数量,其真菌的优势种为可侵染根的镰刀菌。连作促进了真菌的富集,致病的可能性增大。

②根系分泌物的作用

通过利用经灭菌的和未经灭菌的连作土壤种植玉米、大豆、向日葵和草木犀等4种作物,结果发现,连作土壤灭菌基本上解除了玉米和向日葵的连作障碍,而大豆和草木犀的连作障碍虽然有所减轻,但并未完全解除。因而表明除了微生物区系的变化之外,可能还有其他的障碍因子,如根系分泌物的毒害作用。季尚宁等(1991)用半腐解的大豆残茬浸提液处理已萌动的大豆种子,9天后测量芽长和鲜重。结果表明,经大豆残茬浸提液处理的大豆芽长(6.33厘米)比用净水处理的芽长(8.82厘米)短2.49厘米,单株鲜重低0.112克(分别为0.626克和0.738克)。残茬沙培的根系短,呈黄褐色,对照植株的根系长,呈白色。

马泽仁等(1992)在盆栽条件下,用净水浇灌大豆植株,然后将盆土漏下的浇灌液回收,过滤,取上清液用以进行种子发芽试验,得到如下结果:若以苗期回收液处理的种子发芽势和发芽指数为100%的话,相应地开花期回收液处理的为86.2%和78.5%,成熟期回收液处理的为72.9%和66.70%。这说明,在大豆生育中、后期,植株体内及相应的土壤内可能存在萌发抑制物质。分析结果证实,生育后期大豆根体的主要内源抑制物之一是脱落酸。

③连作条件下植株体内酶和土壤酶活性的变化

与其他逆境胁迫一样,连作也是一种胁迫。在连作胁迫下,植株体内酶和土壤酶的活性发生较大的变化。超氧化物歧化酶(SOD)是防御活性氧或其他过氧化物自由基对细胞膜伤害的保护酶,具有保护膜结构的功能。据报道,迎茬大豆根部细胞内的SOD活性有所提高,表明保护膜免受伤害的能力有所增强;但是,重茬1年特别是重茬5年的大豆根部细胞内的SOD活性却降低了2.08%和25.82%。由此可知,重茬加快了大豆根部细胞的衰老。

5. 克服连作障碍的措施

在南方菜用大豆产区,由于生产面积扩大和种植效益提高,存在着连作障碍现象。具体的克服办法为:①建立合理的轮作制度。要坚持正茬,减少迎茬,避免重茬。②增施有机肥,保证肥水供应。土壤有机质含量高,重茬大豆减产幅度小。增施有机肥或由收割机将前茬小麦、玉米的秸秆粉碎还田,可培肥地力,减缓重茬带来的危害,配方施肥也具有改善的效果。③选育推广抗病品种。连作减产的重要原因是几种病害的传播和危害,应用抗病品种是防治病害最经济、最安全的措施。

六、菜用大豆栽培技术

（一）菜用大豆常规栽培技术

菜用大豆栽培技术既相似于普通大豆的栽培技术，又具有本身的特点。菜用大豆在选用品种时更应注重对外观商品性的要求，也需围绕生产优质高产的菜用大豆这一主要目标，综合考虑品种的光温反应特性、上市季节、市场余缺、鲜销或速冻加工用途来选用适宜的品种、播种、综合栽培技术，达到菜用大豆的“一优两高”。

1. 耕作制度

轮作制中安排种植菜用大豆，是菜农长期以来合理种植农作物，用养结合，提高轮作周期中作物总产量的宝贵经验，也是南方高效农业中的重要一环。在南方稻区，大豆可与水稻轮作，大豆最好的前作是有深耕和施肥基础的禾谷类作物。长江中下游流域栽培的大豆有春、夏、秋大豆。轮作复种方式有春粮—菜用春大豆—秋粮，菜用春大豆—杂交水稻，春粮—早稻—菜用秋大豆等。

大豆不耐连作，连作导致减产10% ~20%。在轮作复种体系中，合理安排种植，不仅保证大豆高产优质，而且对轮作中的其他作物也有良好的作用。一般需要2 ~3 年轮作。菜用大豆适于在排水保水良好的土壤中栽培，要求土壤疏松、有机质含量丰富，以利于根瘤菌的发育。适宜土壤 pH6.5 ~7.0。

2. 播种期

菜用大豆须在无霜期内栽培。种子发芽始温10℃ ~11℃、适温20℃ ~22℃。无霜期100 ~170 天的地区宜春播，播期4 月下旬至5 月上旬，7 ~8 月采收，少数6 月上旬播，霜前收；无霜期180 ~240 天的地区以夏播为主，也可春播；无霜期240 ~260 天的地区春、夏、秋均可播种。大豆为短日照作物，多数品种在12 小时左右光照下形成花芽，延长光照会抑制发育。有限生长类型和南方极早熟菜用大豆品种对日照长短要求不严，春秋两季均能开花结实。不同菜用大豆品种，依据其对光温反应特性和生育期及上市要求可有不同的播期。春菜用大豆强调早播，以争取早上市；夏秋菜用大豆早播，则会面临营养生长过旺、南方夏季高温花荚脱落多等问题。

3. 合理密植

菜用大豆的产量构成与密植程度关系密切。“豆稀生荚，麦稀生叶”，因而菜用大豆应适当稀植，可以优化菜用大豆豆荚品质，提高商品率。

合理的群体结构通过适宜的密度和优化栽培技术而实现。据福建省农科院对菜用大豆品种台湾292的不同种植密度、种植方式及若干生理指标的研究表明，要获得亩产600千克以上的成品青荚产量，必须达到以下几个标准：①群体指标，亩种植密度为1.55万~1.60万株，每穴种植1~2株，单株总荚数达25个，成品荚13个以上。②干物质积累动态，单株干物重苗期0.90克，初花期7.2克，结荚期16克，采青荚期超过28克。各生育阶段干物质积累量占总干物重的比率是：苗期至二复叶期占3.21%，二复叶期至初花期占22.5%，初花期至结荚期占31.43%，结荚期至采青期占42.9%。③叶面积指数（LAI）消长指标，叶面积指数苗期为1.45，初花期为3.29，结荚期达到高峰值为3.82，采青期则略有下降，为3.69。因此，生产上苗期应以培育壮苗为主，始花和结荚期提高叶积指数有利于光合产物的积累，而采青荚期控制叶面积指数则有利于光合产物的运输和转化，从而提高产量。

通过对其他菜用大豆品种的多年试验表明，豆荚产量主要与亩成苗数、百荚重有关，在单作情况下，亩栽0.6万~0.7万穴，每穴3~4株，群体密度达到每亩2.4万株左右是适宜的密度。通过不同留茬密度试验表明，单株有效荚数随密度的提高而减少，而单株有效荚数分别以亩栽1.5万和3.5万株为最低和最高；百荚鲜重以亩栽3.0万株为最佳；鲜荚产量则以亩栽2.5万株为最高。若密度太稀，总节数、总分枝数不可能无限制增加，单位叶面积能负担的种子数不可能无限制地增长；太密，种子、肥料、病虫害增加，农药浪费，污染加重。综合以上性状，要实现亩产500千克的鲜荚，其亩成苗数为2.2万株左右，单株有效荚数在15个以上，平均百荚鲜重在190克以上为宜。

4. 整地播种和施肥

整地时须施有机基肥和适量磷、钾肥。精选种子，也可用根瘤菌拌种或用锰、锌、硼或钼处理，以提高产量和改善品质。撒毒饵防治地下害虫。穴播营养面积(25～35)厘米×(16～25)厘米，每穴4～5粒，也可条播。

苗期可施少量氮肥促发根和分枝，早熟品种尤为明显。开花初期重施氮肥可明显提高产量，叶面喷施过磷酸钙或钼酸铵液可减少落花落荚、加速豆粒膨大；生育期中后期因缺钾，造成叶先端或边缘发黄，可在叶面喷施钾肥。

5. 播期、密度、施氮肥的综合效应

笔者曾进行了播期、密度和氮肥用量对菜用大豆产量和品质影响的研究，应用华春18品种，采用了4个播期(3月15日、3月29日、4月12日和4月26日)，4个密度(分别为1.4万、2.2万、3.0万和3.8万株/亩)处理，4种氮肥施用量(4、8、12和18千克纯氮/亩)，研究结果表明，菜用大豆的产量以处理2最高，达638.2千克/亩，除与处理12、9、3的差异不明显外，与其他处理的差异都达显著水平(表2)。说明在本试验条件下，$A_1B_2C_2$是菜用大豆高产栽培的最佳处理组合，即3月15日播种，密度为每亩2.2万株，每亩施氮肥8千克。

表2 菜用大豆华春18各处理产量直观比较

处理	播期(月/日)	密度(万株/亩)	氮肥用量(千克/亩)	鲜荚产量(千克/亩)
1. $A_1B_1C_1$	3/15	1.4	4	393.3 HI
2. $A_1B_2C_2$	3/15	2.2	8	638.2 A
3. $A_1B_3C_3$	3/15	3.0	12	571.9 ABCD
4. $A_1B_4C_4$	3/15	3.8	16	536.0 BCDEF
5. $A_2B_1C_2$	3/29	1.4	8	475.1 EFG
6. $A_2B_2C_1$	3/29	2.2	4	372.6 I
7. $A_2B_3C_4$	3/29	3.0	16	487.0 EFG
8. $A_2B_4C_3$	3/29	3.8	12	526.6 CDEF
9. $A_3B_1C_3$	4/12	1.4	12	601.2 ABC
10. $A_3B_2C_4$	4/12	2.2	16	550.5 BCDE

续表

处　理	播　期（月/日）	密　度（万株/亩）	氮肥用量（千克/亩）	鲜荚产量（千克/亩）
11. $A_3B_3C_1$	4/12	3.0	4	543.1　BCDE
12. $A_3B_4C_2$	4/12	3.8	8	603.6　AB
13. $A_4B_1C_4$	4/26	1.4	16	376.9　I
14. $A_4B_2C_3$	4/26	2.2	12	463.2　FGH
15. $A_4B_3C_2$	4/26	3.0	8	510.8　DEFG
16. $A_4B_4C_1$	4/26	3.8	4	460.0　GHI

注：表中第1、第5栏数字后的大写字母不同分别表示差异达极显著水平。

表3　菜用大豆华春各因素水平平均产量

因　素	播　期（月/日）	生育期（天）	密　度（万株/亩）	氮肥用量（千克/亩）	鲜荚产量（千克/亩）
A_1	3/15	93			534.8　a　A
A_2	3/29	83			465.3　b　B
A_3	4/12	76			574.6　a　A
A_4	4/26	76			447.7　b　B
B_1			1.4		461.6　b　B
B_2			2.2		506.1　a　AB
B_3			3.0		528.2　a　A
B_4			3.8		526.5　a　A
C_1				4	437.2　c　C
C_2				8	556.9　a　A
C_3				12	540.7　a　AB
C_4				16	487.6　b　BC
极差 A					126.9
B					66.6
C					119.7

注：表中数字后的大、小写字母不同分别表示差异达极显著和显著水平。

菜用大豆鲜荚产量各因素平均极差（R）表现为 A > C > B（表3），说明播期对菜用大豆产量的影响最大，其次为氮肥和密度。从统计分析结果看,因素 A 中,以 A_3 的产量为最高,A_1 次之,与 A_2、A_4 的差异均达显著水平。在 B 因素中,B_3、B_4 的产量显著高于 B_1,但与 B_2 的差异并不明显,因此从高产高效出发,每亩 2.2 万株的密度较为适宜。在因素 C 中,以 C_2 的产量最高,C_3 次之,C_1、C_4 的产量极显著低于 C_2。这表明在本试验条件下,适量增施化肥有利于提高菜用大豆的产量。这是因为氮肥的施用能提高土壤中速效氮的含量,在生长初期能加快根瘤的生长,增加其固氮能力;而在开花期和豆荚形成期,土壤中速效氮的含量和菜用大豆根瘤的固氮率表现为显著负相关,因而过量施用容易导致减产。

菜用大豆的产量和外观性状间的相关性表明,菜用大豆华春 18 的鲜荚产量和总荚数、每荚实粒数、百荚鲜重的关系不大($r=0.3218$, -0.2737, -0.1918),而与二粒荚数呈极显著的正相关($r=0.5027^{**}$),二粒荚越多,产量越高。从外观品质看,每荚实粒数、百荚鲜重和一粒荚、二粒荚数呈负相关,而与多粒荚数呈极显著正相关关系,多粒荚越多,每荚实粒数越多($r=0.773^{**}$),百荚重越大($r=0.6458^{**}$)。结果还表明,荚宽和每荚实粒数($r=0.6915^{**}$)、百荚鲜重($r=0.7420^{**}$)间也有极明显的相关性,由此说明外观品质间的一致性,百荚鲜重大的一般为多粒荚数,每荚实粒数多,荚宽等性状也较好。

试验分析了各因素水平对菜用大豆品质的影响,结果表明,影响单株有效荚数的因素主要是密度,其次是氮肥用量,播期对它的影响不大(表4)。不同种植密度间的总荚数存在明显差异,以 B_1 为最高,B_2 次之,两者都显著高于 B_3、B_4,说明随着种植密度的增加,单株有效荚数减少。其中又以多粒荚对密度的变化最为敏感,B_1 显著高于 B_2、B_3、B_4。播期虽然对总荚数的影响不大,但却是影响一粒、二粒和多粒荚的主要因素,其中 A_2 处理的多粒荚数最多,A_3 处理的二粒荚最多,A_1 处理介于两者之间。不同氮肥用量之间,单株有效荚数有明显差别,其中以 C_1 为最小,C_2、C_3、C_4 无显著差别,说明适量增施氮肥,有利于增加单株有效荚数。对于荚宽、每荚实粒数、百荚鲜重这三个性状,不同播期间以 A_2 为最高,A_1 次之,不同密度间以 B_1 为最高,不同氮肥用量间则以 C_3 为最高,这与播期、密度、氮肥用量对多粒荚的影响相似。

表 4　菜用大豆华春 18 各因素水平的平均品质

因素	单株有效荚(个)				荚宽(厘米)	每荚实粒数(粒)	百荚鲜重(克)	蛋白质(%)	维生素 C(毫克/100 克)
	一粒荚	二粒荚	多粒荚	合计					
A_1	2.2bc	5.7AB	5.9AB	13.7a	1.18B	2.27B	202.3A	37.99C	23.77
A_2	1.4b	3.8c	7.0A	11.8a	1.24A	2.46A	210.4A	40.45A	25.29
A_3	3.3a	7.1A	4.2BC	14.8a	1.14B	2.01C	185.8B	38.97AB	23.55
A_4	2.8ab	5.8AB	3.7C	12.1a	1.17B	2.05C	186.0B	36.49BC	24.98
B_1	2.8a	6.1A	7.4A	16.4A	1.21a	2.30A	203.7A	37.82	23.08
B_2	2.7a	6.6A	5.5B	14.8AB	1.19ab	2.20AB	192.5AB	38.04	25.21
B_3	2.2a	5.3AB	4.0B	11.4BC	1.17b	2.14B	198.0AB	39.40	25.06
B_4	2.1a	4.4B	3.9B	9.7C	1.16b	2.15B	190.2B	38.63	24.17
C_1	2.4a	4.4a	4.3a	10.9b	1.18a	2.13b	194.7a	37.63	23.60bc
C_2	2.4a	5.8a	5.4a	13.6ab	1.17a	2.19ab	196.6a	39.12	23.09c
C_3	2.6a	6.6a	5.9a	15.3a	1.19a	2.27a	197.0a	38.59	25.62a
C_4	2.1a	5.5a	5.3a	12.5ab	1.18a	2.21ab	197.2a	38.88	25.23ab
极差 A	2.0	3.4	3.4	2.7	0.11	0.45	16.5	3.96	1.69
B	0.7	2.3	2.3	6.7	0.05	0.17	13.5	1.58	1.98
C	0.6	2.2	1.7	4.4	0.02	0.13	2.6	1.49	2.53

注：表中数字后的大、小写字母不同分别表示差异达极显著和显著水平。

在本试验中，不同密度和氮肥水平间，菜用大豆籽粒的蛋白质含量无明显差别，影响菜用大豆蛋白质含量的主要因素是播期，其中以 A_2 的蛋白质含量为最高，A_3 次之，两者都显著高于 A_4 处理。菜用大豆是一种鲜食作物，富含维生素 C，由表 4 可以看出，影响维生素 C 含量的因子主要是氮肥用量，适施氮肥可使籽粒中维生素 C 的含量增加。

菜用大豆的产量与播期、密度和氮肥用量有关，其中播期是影响菜用大豆产量的主要因素。不同播期的菜用大豆产量的变化和气候条件密切相关，4 月上旬是江浙一带菜用大豆的最适播期，因而产量较高。而在保证植株正常生长的前提下，早播产量较高的原因可能是由于菜用大豆生育期的延长，部分弥补了由于气候条件不适宜的影响。

菜用大豆具有根瘤，可自身固氮，但不能完全满足其丰产对氮素的要求，适施氮肥能显著增加产量。试验表明，在 2 对复叶期每亩追施 3 ~ 4 千克尿素，在种子形成期再追施 2 千克尿素能获得较高的饱荚产量。在本试验条件下，菜用大豆华春 18 在每亩施氮肥 8 千克时产量最高。王金陵（1991）在分析大豆生物化学品质生态类型时认为，大豆在结荚与鼓粒期平均温度如低于 20℃，便不利于糖分的形成与转化为脂肪，含油量低；但如果温度高于 35℃，尤其是昼夜温差小的情况下，又不利于光合作用的进行，含油量下降。而脂肪和蛋白质的形成过程是相互消长的。一般在浙江菜用大豆结荚鼓粒期的昼夜温差较小，不利于脂肪的形成，因而蛋白质含量较高。

6. 水分管理

种子萌芽时需充足的水分。南方春播时常遇雨，应注意排水防烂籽。育苗移植可提早收获和保证全苗，晚霜结束时定植。中耕 2 ~ 3 次，促进发根和提高根瘤菌的活力。结合中耕进行培土，防止根群外露或倒伏。苗期怕涝，适宜的土壤湿度为土壤田间持水量的 60% ~ 65%，而分枝期需水稍多，为 65% ~ 70%，干旱不利花芽分化。开花初期需光照较多，湿度低；结荚到鼓粒期蒸腾强度迅速上升，需水量多，保持土壤水分占田间持水量的 70% ~ 80%。耐涝性差，土壤湿度过大会导致烂根，叶卷曲发黄，花荚大量脱落。

7. 生长调节

近年来，用生长调节物质来调控菜用大豆的生长发育已取得了很大进展，显示了良好的增产效益和经济效益。

（1）三碘苯甲酸

据东北试验，可增产5%～23%。促使植株矮壮，增枝叶、保荚，其效果与摘心相似。在初花期，浓度为100～200毫克/升，每亩用35～150千克稀释液喷雾。

（2）三十烷醇

用0.1～1.0毫克/升的三十烷醇溶液浸种可提早成熟，增加总粒数和百粒重；用0.5～2.0毫克/升三十烷醇溶液在花期或结荚期喷洒可增荚和增粒；花期喷洒后隔10天再喷一次可提高使用效果。三十烷醇也可以和氮、磷、钾肥配合施用，效果更佳。

（3）亚硫酸氢钠

可降低大豆的光呼吸强度，增加荚数和百粒重，增产5%～17%，并早熟2～5天。一般在开花期至结荚期用100毫克/升溶液喷洒1～2次。

（4）增产灵（4—碘苯氧乙酸）

具有促进生长发育，防止落花落荚而增加产量的作用。据吉林试验，可增产11.5%。一般在盛花期和结荚期两次喷施（间隔7～10天），浓度10～30克/升，药液量150千克/亩。

8. 病虫害防治

南方菜用大豆产区主要害虫有豆荚螟、大豆食心虫、豆秆蝇、蚜虫、地老虎等，仓贮害虫有绿豆象等，病害有毒素病、霜霉病、锈病等。

（1）蚜虫

常群集于植株生长点和幼嫩茎叶，是前期的主要害虫，并诱发毒素病（图15）。蚜虫应早防，用高效内吸性农药拌种，可防治早期潜入豆苗上的大豆蚜，也可用40%乐果乳剂2000倍喷雾，或采用生物防治。

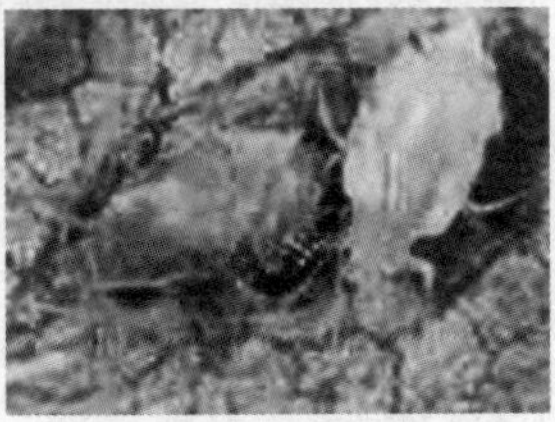

图15　大豆蚜虫

（2）豆秆蝇

在苗期或生长中期蛀入豆秆，造成死苗或枯梢而减产。一般在成虫发生盛期至产卵盛期前，用药剂进行防治。

（3）豆荚螟和食心虫

主要危害豆荚。豆荚螟一年中可发生 5 ~ 6 代，一般在成虫发生盛期至产卵盛期前，用药剂进行防治。对于食心虫，在化蛹和羽化时可采用中耕消灭蛹和幼虫；在田间插一定数量一端沾有敌敌畏的高粱秆等进行熏杀；释放赤眼蜂灭卵。

（4）毒素病

感染越早，受害越重。表现植株生长矮小，荚小或不结荚。苗期出现畸形叶，有时籽粒出现斑驳或褐斑粒（图 16）。防治对策为选用抗病或耐病品种，采用无病种子及防治蚜虫和加强肥水管理。

图 16　大豆花叶病

（5）霜霉病

在湿热条件下易发生，能感染整个植株及种子，品种间差异明显。防治以农业防治为主，采用抗病品种及波尔多液药剂防治。

（6）锈病

秋大豆发生多，使粒重降低而减产。防治方法为选用抗病品种，改善田间小气候，增施磷钾肥及杀菌剂防治。

在此有必要指出的是，菜用大豆与普通粒用大豆不同，作为蔬菜食用，对农药残留和农用化学物质的残留要求更高，在实施第 7 ~ 8 项栽培技术操作时，应按照 QS 食品标准，充分考虑农药及化学物质的使用种类、剂型、使用量、安全间隔等因素，保证菜用大豆的质量安全。

9．收获和留种

播种后 70 ~ 90 天，荚壳由绿变黄绿，豆粒饱满而尚保绿色时可采收豆荚，一般早晚采荚，及时上市或暂放荫蔽处，避免太阳曝晒。在我国台湾菜用大豆产区，有时为了保持采收豆荚的新鲜度，通过照灯在晚上或半夜采收。在日本也有用拖拉机来采收菜用大豆，这可大大提高劳动效率，但一般易刮（擦）伤荚壳，导致荚壳表面产生斑点，这类机收的菜用大豆通常用于速冻厂加工(图 17、图 18)。

图 17　菜用大豆季节采收

图 18　机收的菜用大豆

作种用的菜用大豆采种时选无病株的下部荚作种，于多数叶变黄、茎秆干枯、豆荚呈现褐色、豆粒干硬已脱离荚壁时采收，脱粒后晒干，种子含水量 12% 左右贮藏。南方春播最好用秋季成熟的种子，因其未经长时间贮藏和高温季节，种子饱满充实，适应性强，种子存活力强。重复种植 3 ~ 4 年后会出现退化现象，可采用异地繁殖留种的方法更新复壮。

10. 速冻加工和冷藏

鲜菜用大豆营养丰富，肉质脆嫩，风味清香，口感好。日本人尤其喜欢食用，每年消费量达 10 万吨左右，我国生产的速冻菜用大豆 90% 以上销往日本。但由于菜用大豆采摘期较短，集中上市价格偏低，经济效益甚微，通过速冻加工和冷藏，可以错开上市和出口季节，增加经济效益。速冻菜用大豆的加工需经过多道工序，目前，较大型的加工厂均采用现代化流水线，可保证产品质量。现将速冻菜用大豆加工技术介绍如下：

(1) 原料的选择和处理

①原料的挑选

外销的菜用大豆，必须选用豆荚大，具有白茸毛的台湾 292、台湾 305、台湾 75 等优良品种为加工原料。豆荚小、茸毛棕(黄)色的品种不受欢迎。

菜用大豆原料须新鲜，豆粒饱满，成熟适度，豆荚呈青绿色，夹壳上茸毛白色，豆仁呈绿色，豆荚长度在 35 毫米以上，宽度约 10 毫米左右。形态良好，豆梗短小，每荚豆仁不小于2粒。剔除带锈斑、虫蛀、严重损伤或破裂，豆仁发育不良的豆荚。

②原料的清洗

将选好的原料，用清水洗净。清洗时，将原料置于圆形或长方形不锈钢水槽中，槽中装置搅拌桨叶帮助原料翻转和水的流动进行洗涤，或置于振动喷洗机中，将水喷在振动的金属筛网上冲洗，接着经传送沥尽水分进入热烫机。

③ 原料的热烫

热烫又称烫漂，是速冻菜用大豆加工中的重要工序。热烫可钝化菜用大豆中酶的活性，防止菜用大豆在冻结、冷藏过程中产生黄变和出现异味，保证菜用大豆具有良好品质的同时，减少菜用大豆表面所附微生物和农药残迹。此外，还可使绿色菜用大豆色泽变得更加鲜艳悦目。热烫用水必须保持清洁卫生并经常更换新水，pH 值控制在6.5~7.0之间，在热烫过程中，热水因受毛豆中的有机酸影响变为酸性时，可用2%碳酸钠进行调节，否则绿色菜用大豆在酸性水影响下叶绿素会受到破坏成为脱镁叶绿素，使菜用大豆在冻结、冷藏中逐渐失去绿色而变为黄褐色，使冷冻成品率降低或失去商品价值。

④ 冷冻

菜用大豆热烫后要及时冷却，冷却介质温度要低，速度要快，方可保持豆荚鲜艳绿色，且在较为长期冷藏中不变色。热烫后的菜用大豆，先经冷水喷淋降温后再浸入冷却槽，用流动冷水继续冷却透心。冷却水温度最好在5℃以下，使毛豆在短时间内中心温度迅速降到10℃以下，才能达到冷却目的。最好采用卫生冰水冷却，使菜用大豆色泽显得更佳。

⑤精选

冷却后的菜用大豆，经传送带进入振动筛或移入拣选台上，拣除黄色、破损及不合格的小豆荚，同时沥尽所带水分，随后进入速冻机冻结。

（2）速冻原理与工艺

①速冻原理

菜用大豆速冻经常采用流态式冻结机，该机为单体快速冻结的一种先进设备，它是在一个隔热保温箱体内安装上筛网状输送机和冷风机，原料放置在水平筛网上，在高速低温气流的带动下，引起原料层产生“悬浮”现象，使原料呈流体一样不断蠕动前进并进行冻结。

由于强冷气流从筛孔底下向上吹，把物体托浮起来，彼此分离，单体原料周围被冷风所包裹，使原料单体完成冻结。

冷源从制冷机房供液管进入速冻机箱内的蒸发器，液氨与原料层散发的热进行交换，使保温箱保持 -40℃ ~ -35℃。

菜用大豆必须采用单体快速冻结法，才能有效防止菜用大豆由于慢冻造成细胞间水分产生较大冰晶体，引起豆荚爆裂，同时可减少解冻后细胞液汁的流失，保持其原有的色、香、味、营养成分及其良好的组织形态。

②速冻工艺

投产前速冻机各部位先用高压水枪冲洗消毒干净，随后开机，冻结间在 -25℃以下先行预冷，再将处理过的原料由输送网带提升和输送到筛网上，高速冷气流从网筛格隙间由下向上将菜用大豆吹起进行单体快速冻结。冻结温度在 -25℃ ~ -20℃，冻结时间为 10 分钟左右，至菜用大豆由出料口滑槽连续不断排出机外落到皮带输送机上，送入低温包装车间，立即装袋、称重并通过金属检测器检查、封口，装箱入库冻藏。这样不停机地连续生产，通常每隔 7 小时需停机用冷却水进行一次除霜。

（3）包装和冻藏

①包装

包装车间必须保持 -5℃的低温环境，包装工人、用具、制服等要保持清洁卫生，定期消毒，非工作人员不得任意进入包装车间，谨防传带污染物。

内包装物料必须是无毒性、耐低温、透气性低、无异味的聚乙烯薄膜袋。外包装用双瓦楞纸箱，表面涂防潮油层，保持防潮性能良好，内衬一层清洁蜡纸，每箱净重 10 千克，箱外用胶纸带封口，刷明标记，进入冷库冻藏。

②冻藏

速冻菜用大豆必须存放于冻菜专用冷藏库内，冷藏温度－25℃～－20℃，温度波动范围1℃，相对湿度95%～100%，波动范围5%以内，冷藏温度要稳定，少变动。冷藏温度和冻结菜用大豆温度要保持基本一致。如果冷藏库温度经常上下变动过大，会使菜用大豆细胞中原来快速冻结所形成的微小冰晶体，在温度上升时反复溶化产生重结晶，使微小冰晶体结构破坏，慢慢又形成大的冰晶体，使冻晶失去原来速冻的优点，造成品质下降。因此速冻菜用大豆在冻藏时的冷库管理中不仅要注意存放时间的长短，更要注意冻藏温度高低的变化，以确保速冻菜用大豆冻藏一年内品质不变劣。

(4) 菜用大豆冷藏保鲜和家庭保存

①贮藏保鲜工艺流程

贮前准备→采收入库→预冷→贮期管理。

②冷藏保鲜过程

在菜用大豆入库前，为防杂菌污染，必须对库房进行通风消毒，可使用高锰酸钾与甲醛混合液，或甲醛溶液，如使用2%高锰酸钾和40%甲醛混合液按10毫升/立方米用量熏蒸24小时，敞门1小时；甲醛溶液消毒方法是先将甲醛溶液稀释到规定浓度，消毒人员带上防护用具，用喷雾器均匀喷洒，关闭库房4小时左右，再敞门1小时即可。

采收入库：菜用大豆采收适期以豆仁至鼓粒高峰期90%为宜（当地一般在结荚后30天左右，荚皮由青绿向浅绿转变，表层有白色细茸毛），采前15天不能使用农药防治虫害，采收时按二粒荚、三粒以上荚分类，剔除枝梗与杂质，可用配有防霉保鲜剂的清水浸泡1分钟后沥水，再用0.03～0.04毫米厚聚乙烯薄膜袋密封包装（每袋装量5～10千克）。预冷：夏季采收后豆荚温度高、生命力旺盛，堆放一起温度高易使豆荚变黄、品质下降，为此采收后应尽快运往保鲜库，运输途中防雨防晒，长途运输应使用冷藏车或进行产地预冷。贮期管理：适宜的贮藏温度是控制菜用大豆不产生锈斑和腐烂的重要前提，8℃为菜用大豆产生锈斑的临界温度，低于此温度锈斑严重，在此温度以上，锈斑与温度不再相关，而与菜用大豆腐烂呈高频率正相关，如想使菜用大豆贮藏期保持30天以上,贮藏温度应控制在8℃～10℃,库温波幅小于0.5℃,以防袋中结露;相对湿度保持在85%～90%,有助于菜用大豆保鲜及防霉;贮藏最适宜的气体成分为$O_2$4%～6%,$CO_2$5%～7%,一般贮后3～5天即进行1次气体分析,发现异常及时调整。

③ 家庭保存

为延长菜用大豆的储藏期和货架期,通常采用密封冷藏。有研究者(Tsay等,1991)比较了几种保存方法的效果,发现塑料袋加乙烯吸收剂或吸收膜的储藏效果优于网袋。最适宜的储藏温度为0℃。先在0℃的冰水中预冷,然后包装于加乙烯吸收剂的聚乙烯袋内,保藏效果最好。日本采用空气制冷和真空制冷两种方式,后者降温速度快,保质效果好(Chiba, 1991)。

(5) 菜用大豆食品制作和产品开发

①食品加工工艺流程和主要技术

原料采收→去杂分级→清洗→热烫→护色→调味→真空包装→高温灭菌→装箱→冷藏。

原料采收及前处理:原料采收至清洗热烫同速冻一样,有条件的可对豆荚加以适当整型,如剪除豆荚尖端和枝梗、去除畸形荚、按饱满程度进一步细分商品等级。护色:其目的是固定菜用豆粒表皮的叶绿素,减少高温灭菌后贮存豆荚过程中产生失绿现象。具体方法可用0.06%～0.08%硫酸铜+0.01%氯化锌混合溶液浸泡16～20小时。调味:随不同人群而定,方法是配制浓缩的调味液与菜用大豆混合,在灭菌和贮藏过程中慢慢呈味。常采用的两种配方为清香型(5%食盐+6%食糖+1%鸡精)和五香型(2%～3%食盐+0.1%～0.2%茴香+0～4%香葱+1%鸡精),这样能获得以菜用大豆风味为主,爽口、略甜、清香的口感。真空包装物为3层聚乙烯耐高温薄膜和铝箔复合袋,可防止籽粒贮存腐败。真空包装的真空度为0.08大气压,加热封口适温时间3秒。高温灭菌:在110℃高温下16～18分钟后反压降温至40℃以下。装箱:一般为30～50袋/箱,0℃～4℃低温下冷藏可保存3～8个月(铝箔袋时间更长)。

②产品开发

菜用大豆除蒸煮食用外,还可以制作其他类型的食品。亚洲蔬菜研究和发展中心已利用菜用大豆研制出豆奶、豆腐、豆粉、面条、素鸡、冰淇淋、冰棒、酸奶等产品(Shanmugasundaram, 2001)(图 19、图 20)。

图 19　菜用大豆豆腐和毛豆豆腐

图 20　绿毛豆布丁

(二) 菜用大豆特色栽培技术

1. 棚室早春茬栽培

图 21　大棚菜用大豆

菜用大豆幼苗较耐低温,可用阳畦、温床育苗栽培,育苗时使用营养钵,可达到完全护根效果,防止定植起苗伤根影响定植的缓苗和生长进行。温室或大棚,比露地栽培可提早 1 ~2 个月,产品市场价格持续稳定,销路好,经济效益可观。栽培省工,技术简单,是农民创收的新路。

(1) 播种时间

温室早春茬:1 月中旬播种育苗,2 月下旬定植温室,4 ~5 月采收。

大棚早春茬:2 月中旬播种育苗,4 月上旬定植,5 ~6 月采收。

(2) 营养土配制

营养土按肥沃田土 50% +腐熟栏肥或厩肥 40% +细沙 10% +过磷酸钙 0.1% +草木灰 0.1% 配制,或按每立方米床土加入磷酸二铵 1 千克、硫酸钾 0.5 千克,整细过筛混合在一起,掺入 0.05% 敌百虫,50% 多菌灵可湿性粉剂 1 千克兑 200 千克土或绿享一号拌土消毒,堆积 10 天左右。

注意幼苗在营养土过于肥沃时极易烧根。为防止烧根，营养土配成以后，可用几粒白菜类种子试种，2～3天后观察根系，如有根尖发黄现象，须再加田土调整。

将配好的营养土装入8厘米×10厘米的营养钵或纸袋2/3处，摆放于铺垫平整的育苗床土上备用。要求营养土的pH在5.5～7.5之间，孔隙度约60%，要求疏松透气、保水保肥性能良好，准备播种。

(3) 种子消毒

首先晒种1～2天，用0.1%硫酸铜水溶液浸种15分钟，或1%福尔马林浸泡20分钟，杀死种子表面的病原菌，达到消毒的目的。将种子洗干净后，再在清水中浸种2～3小时，捞出放在容器内催芽20小时，当种子萌动、胚芽露出即可。每亩移栽田播种量需4～5千克，每平方米苗床播种量为100克。

(4) 播种

营养钵以8厘米×10厘米为宜，每个营养钵装满土浇水后，每钵播种3～4粒，覆盖细土2厘米，再盖一层地膜，保温保湿。尽量让苗床多见光，保持适宜的温度，白天25℃，夜间20℃左右，3～5天出苗，出苗前不宜浇水，以防止土壤过湿而烂种。当60%～70%幼芽出土后，及时撤去地膜。

(5) 苗期管理

子叶出土后，经1～2天可转变成深绿色，即能进行光合作用。棚室管理适温为20℃～25℃。此期耐寒能力比真叶展开前弱，一遇霜冻，即会死苗，因此夜间要防寒防冻。

(6) 苗期追肥

在豆苗幼小时根瘤菌尚未发挥固氮作用，为了促进根系生长和提早抽生花枝，需及时追施氮磷肥，一般亩施尿素2.5～5.0千克，或腐熟人粪尿100～200千克，肥料要加水稀释，用量不可过多，避免抑制根瘤菌的发育。

(7) 定植

棚室栽培要多施有机肥，增加土壤透气性，给根瘤菌提供足够的氧气，深翻土壤，使根系能顺利伸长，达到根深株壮的效果，一般每亩施有机肥5000千克以上为好。菜用大豆对磷钾元素需求量较大，磷酸二铵7～10千克，硫酸钾4～5千克，均匀撒施地面，深翻25～30厘米，使肥与土充分搅拌均匀，耧耙平后做畦宽1.2～1.5米，长度随棚室而定。

栽植密度按35厘米行距开沟，沟深10厘米，顺沟每25厘米摆一穴苗，浇水后封沟。栽苗时应把大小苗分开栽，不能大小混栽，防止互相影响，使秧苗生长均匀一致。每亩留苗2万～2.5万株。

（8）田间管理

菜用大豆开花结荚期是毛豆吸收氮、磷等元素的高峰期，在灌浆鼓粒期，补充氮素化肥，有利于植株快速生长和提高产量。追肥宜在开花初期开始，每亩施尿素15～20千克，7～10天喷水1次，水量不宜过大。

叶面追肥可喷洒0.3%磷酸二氢钾，隔10天1次，连喷2～3次；或每亩用尿素1.5～2.0千克，加磷酸二氢钾1.5千克，溶于500千克水中喷施。微量元素钼有提高菜用大豆叶片叶绿素含量、促进蛋白质合成和增强植株对磷元素吸收的作用，用0.01%～0.05%的钼酸铵水溶液喷洒叶面，可减少花、荚脱落，加速豆粒膨大，增产效果显著。

2. 棚室秋冬茬栽培

秋冬茬栽培多以8月中下旬直播为好，11月上中旬采收。可以补充季节性菜用大豆短缺的空当，丰富蔬菜供应品种，增加农民收入。

（1）菌肥拌种

①钼酸铵拌种：土壤有效含钼量每千克小于0.15毫克时，每千克种子用0.5克钼酸铵，溶于20毫升水中，喷洒在豆种上，混拌均匀，阴干后播种。

②根瘤菌拌种：用根瘤菌拌种，可促使根瘤菌数量增加，茎叶生长健壮，结荚多，产量高。每亩施用根瘤菌10～17克，用种量4～5千克，用少量水使种子拌匀，即可播种。

（2）播种

①以穴播为主：播种前先按1.2米宽做畦，地表发白时浅锄保湿，然后按40厘米行距、25～30厘米株距挖穴，深4～5厘米，每穴播种

3～6粒，覆土2厘米，亩用种量3～4千克。

②条播：按35～40厘米行距开沟，土壤过干时先浇水，按株距10厘米左右撒上种子，覆细土，覆土后不宜脚踩，有利种子顶土出苗。

（3）采收

豆粒饱满，豆荚尚青绿时采收，分2～3次采完，亩产嫩鲜荚500～600千克。

3. 晚稻前露地早春菜用大豆栽培

在南方菜用大豆产区，早熟菜用大豆采收后，接晚稻茬的轮作方式较为普遍，是水稻与大豆轮作的好模式。一方面，菜用大豆通过与水稻的轮作，减轻了大豆的重茬障碍，减少了病虫害；另一方面，早熟菜用大豆收获后，通过枝叶和茎秆还田，作为晚稻的绿肥，而且根瘤菌还能留给土壤一定的纯氮，作为晚稻茬水稻的氮源。稻豆轮作增加了农田的复种指数，提高了种植效益。

（1）品种选择

早春露地菜用大豆栽培季节紧，后接晚稻，因此在品种选择上，应以早熟、苗期较耐寒的品种为宜，如选择华春18、引豆9701等，同时也应注意选用株型紧凑、豆荚成熟一致的品种，菜用大豆收获后，还要为稻田的翻耕、水稻插秧留有一定的时间。

（2）种子准备

因早春露地菜用大豆在没有保温的条件下发芽出苗，对种子质量要求高，应采用高活力的种子播种，播种前晒种1～2天，确保全苗。

（3）整地播种

在播种前翻耕，宜选择3月15日前后、气温稳定在12℃以上时播种。有条件的地方应冬耕晒垡，增加土壤通透性，降低田间湿度。

（4）增施磷钾肥

早春栽培的早熟菜用大豆成熟期与迟熟品种相比要早采收15～20天，因此要注意早施肥、施足基肥，同时由于播种期适当提前，苗期易遇低温和寒潮，应增施磷钾肥，增强苗期的抗寒能力。

4. 加工用（速冻）菜用大豆栽培

加工用菜用大豆的栽培是集约化生产、规范化经营的典型实例，它要求从品种选用开始，统一播种、配方施肥、集约化管理、规格化配送到加工厂，对豆荚规格要求高。

（1）品种选择

菜用大豆荚长至少4.5厘米、宽1.3厘米、厚0.6厘米，大荚大粒，鲜荚每千克不超过340个荚，干籽百粒重30克以上。因而，应选用台湾75等大粒大荚品种，要求豆荚外观形状好，荚色绿。

（2）均株密植

加工用菜用大豆品种注重豆荚品质，植株过密，易造成大小荚影响品质，因此必须注意匀株密植栽培。一般畦宽60厘米种植2行，行距为30厘米，株距20厘米，将株数控制在每亩1.2万株以内。

（3）科学施肥

必须一次性施足基面肥，一般亩施腐熟土杂肥1000千克，磷肥30千克、钾肥15千克、尿素10千克，三肥拌匀施用。栽后亩用尿素8千克，兑水浇施，促进壮苗早发快长；或在定植后即浇施5%稀人粪尿水200千克或3%碳铵水200千克。发棵肥每亩追施三元素复合肥15千克。结荚期要进行喷施叶面肥，一般用0.5%浓度的磷酸二氢钾液加2%浓度的尿素混合液喷洒2~3次，以促进豆荚饱满，均匀一致色泽好；生产上也有在始花期亩施尿素5~8千克，促进开花结荚，以提高结实率。

5. 台湾菜用大豆栽培技术

我国台湾为亚洲蔬菜研究和发展中心所在地，菜用大豆生产水平高，品质优良。当地农业科技工作者总结了一套“大荚、优质”的菜用大豆栽培技术，主要通过增施肥料来提高菜用大豆的品质，其要点为：

（1）苗床培育

苗床高度15厘米，亩施纯氮1.5~4千克、磷4千克、钾4千克，接种根瘤菌。

（2）适宜密度

每亩1.8万~2.5万株（早熟品种和促早栽培时，密度高于晚熟品种和正常季节栽培）。

（3）大田施肥

每公顷施肥量为纯氮4千克、磷（P_2O_5）5.3千克、钾（K_2O）4千克。春毛豆合适的施肥时期是：氮肥50%作基肥，30%在播种后15天时追施，20%在结荚期施用；磷肥70%作基肥，30%在播种后15天时追施；钾肥50%作基肥，50%在播种后15天时追施。

(4) 施农家肥

每亩施用鸡粪堆肥130千克或发酵猪粪200千克加2千克氮、2.5千克磷（P_2O_5）、2千克钾（K_2O），可使符合标准的和合格的菜用大豆产量分别提高13%～25%和13%～20%，并改善其饱满度、荚果色泽、口味及甜度。接种根瘤菌并施氮1.3千克/公顷（基肥），可提高合格荚果产量14%～22%，同时达到降低成本和增收的效果。

(5) 菜用大豆防虫栽培

为了减少在菜用大豆上施用农药，往往采用防虫网覆盖栽培，以提高产品质量（图22）。

图22 防虫网覆盖栽培

附录一、无公害鲜食大豆栽培技术规范

前 言

本规范由杭州市萧山区农业标准化建设领导小组提出。

本规范主要起草单位:杭州市萧山区农业技术推广中心、杭州市萧山区蔬菜产业协会、杭州市质量技术监督局萧山分局。

本规范主要起草人:夏国绵。

本规范于 2006 年 12 月 20 日首次发布。

本规范于 2007 年 1 月 20 日起实施。

无公害鲜食大豆栽培技术规范

1. 范围

本标准规范规定了无公害鲜食大豆的术语和定义、产地环境、种子准备、鲜食春大豆栽培、鲜食夏大豆栽培、鲜食秋大豆栽培、施肥管理、病虫草害防治、其他管理、采收等内容。

本规范适用于杭州市无公害鲜食大豆的栽培。

2. 规范性引用文件

下列文件中的条款通过本标准的引用而成为本标准的条款。凡是注日期的引用文件,其随后所有的修改单(不包括勘误的内容)或修订版均不适用于本标准,然而,鼓励根据本标准达成协议的各方研究是否可使用这些文件的最新版本。凡是不注日期的引用文件,其最新版本适用于本标准。

GB 4404.2—1996 粮食作物种子 豆类

NY/T 5080—2002 无公害食品 菜豆

DB33 291.1—2000 无公害蔬菜产地环境

3. 术语和定义

下列术语和定义适用于本规范。

3.1 鲜食大豆

指在大豆鼓粒中后期收获鲜食或加工用的大豆,也称“毛豆”或“菜用大豆”。

3.2 春大豆

于2月中旬至4月下旬播种、5月下旬至7月下旬采收的大豆。

3.3 夏大豆

于5月上旬至6月中旬播种、8月上旬至9月下旬采收的大豆。

3.4 秋大豆

于6月下旬至8月中旬播种、9月下旬至11月中旬采收的大豆。

3.5　促早栽培

指利用小拱棚等保温设施使鲜食春大豆提早播种，实现提早采收的栽培方法。

3.6　促优栽培

指根据市场要求，进行定向优化的栽培方法。

3.7　延后栽培

在能正常采收鲜豆荚的情况下，尽可能地把秋大豆的播种期往后移，实现推迟采收的栽培方法。

4. 产地环境

选择土壤肥沃、疏松，杂草较少，排灌两便的田块种植鲜食大豆，产地环境应符合 DB33 291.1 无公害蔬菜的规定。

5. 种子准备

5.1　种子质量

采用北繁或秋播留种等高活力种子，种子质量符合 GB 4404.2－1996 粮食作物种子　豆类的要求。根据种植密度和种子百粒重、发芽率，每千顷准备种子 55～110 kg(每亩 3.5～7.5kg)。播种前晒种 4～6h，晒种时避免种子直接与晒场接触。

5.2　品种选用

选用丰产性好、商品性优、内在品质佳、抗逆力强、适于当地栽培的鲜食大豆品种，根据栽培季节和栽培方式，选用不同的品种。

5.2.1　春大豆

促早栽培选用早熟品种，目前选用春绿、引豆 9701 等品种。地膜直播栽培和露地栽培选用中熟品种，目前选用青酥 2 号等品种。促优栽培选用品质优良的品种，目前选用台湾 75 品种。

5.2.2　夏大豆

目前选用黑香毛豆、夏丰 2008 等鲜食夏大豆品种。

5.2.3　秋大豆

目前选用萧农越秀、衢鲜一号、浙秋豆 3 号等鲜食秋大豆品种。

6. 鲜食春大豆栽培

6.1　促早栽培

6.1.1 播种育苗

6.1.1.1 苗床准备

选择肥沃高燥、避风向阳的田块作苗床，每亩大田需 10 ~ 12 m^2 苗床。床面宽 150 cm，沟深、宽各 30 cm，深翻、细耙、平整。

6.1.1.2 播种期

2 月中、下旬播种，选择冷尾暖头的晴好天气播种。

6.1.1.3 播种密度

每平方米苗床用 500 ~ 600 g 种子均匀播种，播后覆盖 2 cm 厚细土。

6.1.1.4 搭盖小拱棚

用长 200 cm、宽 4 cm 的竹条按每 1 m 插一根，两端各入土 15 cm。用厚 0.08 mm 的棚膜覆盖，四周用泥压实。

6.1.1.5 苗床管理

当日最低气温≤5℃时，在棚膜外加盖草帘等保温。当日最高气温≥25℃时，在上午 9 时至下午 16 时揭膜通风。移栽前 1 天浇透水，并施药防治蚜虫，方法参照 10.4.2.3。

6.1.2 大田移栽

6.1.2.1 做畦

大田经深翻平整后，按畦宽 130 cm、沟宽 30 cm 做畦，畦面略成拱背形，畦长不超过 40 m。

6.1.2.2 苗龄

20 ~ 25 天，叶龄不超过单叶全展期。

6.1.2.3 密度

每畦栽种 4 行，畦边各留 15 cm 用于压膜。穴距 20 ~ 23 cm，每穴种植 3 苗。每公顷实种 33 万 ~ 36 万苗（每亩 2.2 万 ~ 2.4 万苗）。

6.1.2.4 搭盖小拱棚

按 6.1.1.4 搭盖小拱棚，畦中每隔 10 m 在膜外用竹片搭成高约 20 cm、宽约 80 cm 拱形通风口。

6.1.3 棚温管理

始花后当日平均气温≥20℃时，在上午 9 时至下午 16 时开启通风口降温，通风口开启高度控制在叶层以下。当日平均气温≥25℃时，日揭夜盖，炼苗2～3天后撤膜。

6.2　地膜直播栽培

6.2.1　做畦

同6.1.2.1。

6.2.2　播种

在3月上、中旬播种，每畦播种4行，穴距20～23 cm，每穴播种子3粒，播种深度2～3 cm，每公顷有效苗27万～30万苗（每亩1.8万～2.0万苗）。育好预备苗。

6.2.3　盖膜

播种后，畦面用宽120 cm、厚0.008～0.014 mm的地膜覆盖，两边用泥土压实。

6.2.4　放苗

播后10～12天，在齐苗到子叶全展前，根据出苗和天气情况，用竹片在每穴豆苗处挑破地膜，形成直径3～5 cm的小孔，将豆苗子叶引出膜外，并用泥土压实膜孔口。

6.2.5　匀苗

每穴留苗1～3株，删除堆苗，用预备苗移栽到断垄缺穴处。

6.3　露地栽培

6.3.1　育苗移栽

6.3.1.1　播种育苗

采用育苗移栽的田块在3月上、中旬播种，小拱棚育苗，育苗方法参照6.1.1。

6.3.1.2　大田移栽

参照6.1.2.1做畦。掌握苗龄12～15天，在子叶初展时移栽。每畦种植4行，穴距23～25 cm，每穴栽3苗，每公顷有效苗30万～33万苗（每亩2.0万～2.2万苗）。

6.3.2　直播栽培

参照6.1.2.1做畦。于4月上、中旬播种，行穴距参照6.2.2，每穴播种3粒。育好预备苗，齐苗后1～3天进行匀苗，每公顷有效苗30

万~33万苗(每亩1.8万~2.0万苗)。

6.4　促优栽培

6.4.1　大田准备

深翻,按畦宽80~90 cm、沟宽30 cm做畦,平整畦面,开好田内排水沟。

6.4.2　播种期

采用育苗移栽的田块,在3月上、中旬播种,用小拱棚育苗;育苗方法参照6.1.1。

采用地膜直播栽培的田块,播种期为3月中、下旬,盖膜、放苗、匀苗参照6.2。

采用露地直播栽培的田块,播种期为4月上、中旬。

6.4.3　种植密度

每畦种植2行,穴距20 cm。育苗移栽的田块每穴栽种2苗,直播栽培的田块,每穴播种2~3粒,每公顷有效苗18万~22.5万苗(每亩1.2万~1.5万苗)。

7. 鲜食夏大豆栽培

7.1　田块准备

参照6.4.1。

7.2　播种期

采用直播栽培,根据前作收获情况,于5月中旬至6月中旬播种。

7.3　种植密度

每畦种植2行,穴距25 cm,每穴播种2~3粒;每公顷种植6.75万~7.5万穴、有效苗16.5万~19.5万苗(每亩种植4500~5000穴、有效苗1.1万~1.3万苗)。

8. 鲜食秋大豆栽培

8.1　田块准备

清除前作秸秆,杀灭老草,按6.4.1做畦或实行免耕直播。

8.2　播种期

常规栽培于6月下旬至7月下旬播种。延后栽培于8月上、中旬播种。

8.3　种植密度

根据畦宽、播期,决定每畦行数。常规栽培行间距为 40 ~45 cm,穴距25 ~30 cm,每穴播种 2 ~3 粒;每公顷种植6 万 ~6.75 万穴、有效苗12 万 ~ 15 万苗(每亩种植 4000 ~ 4500 穴、有效苗 0.8 万 ~ 1.0 万)。延后栽培行间距为 30 ~40 cm,穴距 20 ~25 cm,每穴播种 2 ~3粒;每公顷种植7.5 万 ~8.25 万穴、有效苗 15 万 ~21 万苗(每亩种植 5000 ~5500 穴、有效苗 1.0 万 ~1.4 万)。早播宜稀,迟播宜密。

9. 施肥管理

9.1　苗床施肥

根据床土肥力,于播种前 7 ~10 天每平方米苗床施腐熟菜籽饼 0 ~100 g或商品有机肥 0 ~250 g 作基肥;移栽前 1 ~2 天用1000 倍的复合微肥液和 200 倍的尿素液浇施起身肥。

9.2　大田基肥

9.2.1　小拱棚促早栽培、地膜直播栽培

在移栽或大田播种前 10 ~12 天,每公顷施腐熟菜籽饼 750 ~1125 kg(每亩 50 ~75 kg)或商品有机肥 3000 ~ 3750 kg(每亩 200 ~250 kg)、尿素 75 ~112.5 kg(每亩 5 ~7.5 kg)、高浓度复合肥($N:P_2O_5:K_2O=15:15:15$,下同) 300 ~375 kg(每亩 20 ~25 kg),作基肥,缺硼田块配施硼砂 11.5 ~15 kg(每亩 0.77 ~1 kg);深翻入土,肥土混匀。

9.2.2　春大豆露地栽培

在移栽或大田播种前 5 ~7 天,公顷施腐熟菜籽饼 750 ~1125 kg(每亩 50 ~75 kg)或商品有机肥 3000 ~3750 kg(每亩 200 ~250 kg)、高浓度复合肥 300 ~375 kg(每亩 20 ~25 kg)作基肥,缺硼田块配施硼砂 11.5 ~15 kg(每亩 0.77 ~1 kg);深翻入土,肥土混匀。

9.2.3　春大豆促优栽培

根据种植方式,参照地膜直播栽培或露地栽培施用基肥。

9.2.4　夏大豆

播种前 3 ~5 天,每公顷施腐熟菜籽饼 750 ~1125 kg(每亩 50 ~75 kg)或商品有机肥 3000 ~3750 kg(每亩 200 ~250 kg)、高浓度复合

肥 225 ~ 300 kg（每亩 15 ~ 20 kg）作基肥，缺硼田块配施硼砂11.5 ~ 15 kg(每亩 0.77 ~ 1 kg)；深翻入土，肥土混匀。

9.2.5　秋大豆

翻耕田块参照夏大豆施肥，免耕直播栽培免施基肥。

9.3　壮苗肥

9.3.1　小拱棚促早栽培、地膜直播栽培免施壮苗肥。

9.3.2　春大豆露地栽培

在移栽成活后或齐苗时，公顷施尿素 45 ~ 60 kg（每亩 3 ~ 4 kg）；12 ~ 15 天后，再每公顷施尿素 75 ~ 90 kg（每亩 5 ~ 6 kg）。

9.3.3　春大豆促优栽培

在第 1 复叶期，每公顷施尿素 60 ~ 75 kg（每亩 4 ~ 5 kg）。

9.3.4　夏大豆

齐苗时，每公顷施尿素 75 ~ 112.5 kg（每亩 5 ~ 7.5 kg）。

9.3.5　秋大豆

齐苗时，每公顷施高浓度复合肥 75 ~ 112.5 kg（每亩 5 ~ 7.5 kg）；无基肥田块在 7 ~ 10 天后公顷施尿素 75 ~ 112.5 kg（每亩 5 ~ 7.5 kg），缺硼田块配施硼砂 11.5 ~ 15 kg(每亩 0.77 ~ 1 kg)。延后栽培在此基础上，于第 3 复叶全展时，每公顷施高浓度复合肥 112.5 ~ 150 kg（每亩大 7.5 ~ 10 kg）。

9.4　花荚肥

初花前结合病虫防治，用复合微肥兑水叶面喷施。见荚期每公顷施高浓度复合肥 75 ~ 112.5 kg（每亩 5 ~ 7.5 kg），春大豆促优栽培及夏秋大豆推迟到鼓粒初期施用。

10. 病虫草害防治

10.1　农业防治

10.1.1　冬耕灌水

冬季深翻土地，灌水杀灭部分蛹和幼虫。

10.1.2　合理轮作

与非豆科作物进行轮作，特别是与水稻进行水旱轮作。

10.1.3　间作套种

田块四周套种玉米等高秆作物或与之进行间作，阻碍害虫迁入。

10.1.4　清洁田园

清除田园杂草，粉碎、深埋还田处理豆类秸秆，及时拔除并烧毁病株，摘除病叶，减少危害。

10.2　物理防治

10.2.1　灯光诱杀

以单灯辐射半径 120 m 设置频振式杀虫灯，吊挂在固定物体上，接虫口高度为 130 ~ 150 cm。在害虫成虫发生期，每晚 9 时开灯，次晨关灯。及时清扫触杀网和虫袋。

10.2.2　黄板诱杀

用长 30 cm、宽 15 cm，上涂机油或其他黏性剂的双面黄色纤维板诱杀蚜虫等，公顷用 300 ~ 450 块（每亩 20 ~ 30 块），于高出植株 20 ~ 30 cm 固定设置。每 7 ~ 10 天清理一次板面，重新涂刷机油或其他黏性剂。

10.2.3　性诱剂诱杀

以单瓶半径 30 m 交替设置斜纹夜蛾、甜菜夜蛾性诱剂专用瓶诱杀成虫，瓶内盛 1/3 瓶清水，视诱杀虫量及时清理专用瓶。

10.3　生物防治

10.3.1　保护天敌

合理保护赤眼蜂、姬蜂、七星瓢虫、蜘蛛、食蚜蝇、草铃虫、白僵菌等天敌，充分发挥自然控制害虫的作用。

10.3.2　应用生物农药

推广应用生物农药，如用高效 Bt 乳剂 1500 倍液或 1.8% 阿维菌素乳油 5000 倍液等防治大豆螟虫；用核多角体病毒制剂等生物农药防治夜蛾低龄幼虫。

10.4　化学防除

10.4.1　杂草防除

10.4.1.1　播栽前杀灭

于播栽前 5 ~ 7 天，用灭生性除草剂杀灭田间老草。可用 10% 草甘水剂 100 倍液喷雾田面。

10.4.1.2 土壤封闭

春大豆露地栽培、地膜直播栽培及夏秋大豆在大田播种后或移栽前用对口除草剂进行土壤封闭。如每公顷用35%乙·异噁1500 g(每亩100 g)或33%异丙甲草胺1500 ml(每亩100 ml)兑水600～750 kg(每亩40～50 kg)细喷雾畦面。小拱棚促早栽培要选择更安全的除草剂,防止产生药害。

10.4.1.3 茎叶处理

若苗期杂草危害较重,在豆苗第3复叶期,选择适宜的除草剂进行茎叶处理。如以单子叶杂草为主的田块,用10.8%高效吡氟氯禾灵每公顷450 ml(每亩30 ml)兑水600 kg(每亩40 kg)以豆苗行间为主进行细喷雾。

10.4.2 虫害防治

10.4.2.1 地下害虫(小地老虎、蝼蛄、金龟子)

10.4.2.1.1 糖醋诱杀

按白糖、米醋、白酒、90%敌百虫、水2∶2∶0.5∶0.5∶5的比例配成诱液诱杀成虫,每盆诱液层深3～5 cm;每公顷放置15盆(每亩1盆),高出植株20～30 cm。及时补充诱液,捞除液面死虫、杂物。

10.4.2.1.2 毒饵诱杀

将麦麸、棉籽、豆饼粉碎做成饵料炒香,公顷用饵料37.5 kg(每亩2.5 kg),加入90%敌百虫30倍液1125 ml(每亩75 ml),拌匀后小堆放置于行间。

10.4.2.1.3 农药毒杀

在春旱年份,于4月中、下旬1～2龄幼虫盛发期,选用对口农药进行防治。如48%毒死蜱乳油1000倍或2.5%三氟氯氰菊酯乳油2000倍液喷雾,或用3%毒·唑磷颗粒剂每公顷45～60 kg(每亩3～4 kg)撒施。

10.4.2.2 蜗牛

10.4.2.2.1 毒饵诱杀

每公顷用鲜菜叶150～225 kg (每亩10～15 kg)切碎、喷洒适宜的杀虫剂,如90%敌百虫20倍液,小堆放置于行间。

10.4.2.2.2　农药毒杀

在早春连阴雨期，当每百株豆苗有 20 只蜗牛成贝时，施药防治。每公顷可用 6% 四聚乙醛或 8% 灭蜗灵颗粒剂 6 ~ 7.5 kg（每亩 0.4 ~ 0.5 kg）撒施。

10.4.2.3　蚜虫

当苗期有蚜株率达 35% 或百株蚜量达 500 头时施药防治，高温干旱天气、台湾 75 品种应降低虫量标准，提前施药保护。如用 0.36% 苦参碱水剂 500 倍液或 5% 啶虫咪可湿性粉剂 2000 倍液或 10% 吡虫啉 2000 倍液每公顷 600 kg（每亩 40 kg）喷雾。

10.4.2.4　大豆螟虫（豆荚螟、豆野螟、食心虫）

以露地栽培的春大豆和夏大豆、秋大豆为防治重点，在始花期和花盛期选用对口农药进行喷雾防治。如用 2.5% 三氟氯氰菊酯乳油 2000 倍液或 25% 灭幼脲悬浮剂 1500 倍液或 20% 杀蛉脲悬浮剂 8000 倍液每公顷 600 ~ 750 kg（每亩 40 ~ 50 kg）。

10.4.2.5　豆秆黑潜蝇

以夏大豆、秋大豆为防治对象，播种前进行种子药剂处理，幼苗期及时施药进行保护。如每千克种子用 5% 氟虫腈悬浮剂 6ml，经清水稀释后均匀喷洒到种子上，装入塑料袋闷种 1h 后直接播种。在大豆第一复叶期前用 5% 氟虫腈悬浮剂 2000 倍液每公顷 450 kg（每亩 30kg）喷雾。

10.4.2.6　斜纹夜蛾、甜菜夜蛾

10.4.2.6.1　糖醋诱杀

参照 10.4.2.1.1。

10.4.2.6.1　农药毒杀

在幼虫 2 龄前，于日落后 2 ~ 3 h 用对口农药喷雾，实行农药轮换交替使用，提高防治效果。可选用 24% 甲氧基虫酰肼悬浮剂 2000 倍液或 15% 茚虫威悬浮剂 3000 倍液或 3.2% 甲氨基阿维菌素·氯氰菊酯微乳剂 1250 倍液每公顷 600 ~ 900 kg（每亩 40 ~ 60 kg）。

10.4.3　病害控制

10.4.3.1　病毒病

10.4.3.1.1 治蚜防毒

及时防治蚜虫、叶蝉等传毒害虫，特别是台湾75等感病品种。防治方法参照10.4.2.3。

10.4.3.1.2 抑毒治疗

在发病初期，用复合微肥1000倍加康润1号或病毒K800倍液喷雾每ha600 kg～750 kg（每亩40～50 kg）。

10.4.3.2 豆荚“锈斑病”

以露地栽培春大豆、夏大豆为防治对象，以台湾75品种为重点，在鼓粒初期间隔7天连续用咪鲜胺类和嘧霉胺类农药喷雾保护2次，如用25%咪鲜胺乳油2000倍液每公顷600～750 kg（每亩40～50 kg）。

10.4.3.3 锈病

在发病初期用对口农药，以发病中心为重点进行细喷雾防治，间隔7天连续施药2次。如43%戊唑醇悬浮剂4000～6000倍液或40%氟硅唑乳油6000～7000倍液等每公顷600～750 kg（每亩40～50 kg）。

10.4.3.4 炭疽病

播种时进行种子消毒，如用种子重量0.4%的50%多菌灵可湿性粉剂拌种。发病初期用对口农药，以发病中心为重点进行细喷雾防治，间隔7天连续施药2次。如25%咪鲜胺乳油1500倍液或70%甲基托布津可湿性粉剂1000倍液每公顷600～750 kg（每亩40～50 kg）。

10.4.3.5 霜霉病

在发病初期用对口农药，以发病中心为重点进行细喷雾防治，间隔7天连续防治2～3次。如用80%代森锰锌可湿性粉剂600倍液或72%霜脲·锰锌可湿性粉剂600倍液或60%氟吗锰锌可湿性粉剂600倍液等每公顷600～750 kg（每亩40～50 kg）。

11. 其他管理

11.1 水分管理

11.1.1 排水降湿

在春雨季节、梅雨季节，及时清沟排水，降低田间湿度，防止发生渍害。

11.1.2　浇水抗旱

在幼苗期遇连续干旱天气，应及时浇水抗旱，也可于早晨或傍晚灌半沟跑马水。

11.1.3　保湿鼓粒

在鼓粒期保持土壤一定的湿度，夏秋大豆视天气间歇浇水或灌半沟跑马水。

11.2　防止徒长

11.2.1　化学调控

在直播栽培的春大豆迟熟品种、夏大豆、秋大豆常规栽培中，对有徒长趋势的田块，喷施生长调节剂进行控制。如在分枝期用15%多效唑可湿性粉剂1500倍液每公顷600～750 kg（每亩40～50 kg）叶面喷雾。

11.2.2　人工摘心

在秋大豆常规栽培中，对播种偏早、密度偏高、氮肥偏多，出现徒长趋势的田块，在分枝期进行深中耕，开花后期进行摘心。选择晴好天气，摘去顶端2 cm。

12. 采收

12.1　采收时期

以鼓粒中后期，植株80%以上豆荚已明显鼓粒，豆荚饱满、荚色翠绿时采收。

12.2　采收方法

12.2.1　采收豆枝

从植株基部割下豆秆，摘除叶片，捆扎整齐，上市销售。豆荚农残检测及包装、运输参照NY/T 5080的规定执行。

12.2.2　采摘豆荚

直接从豆株上摘下饱满豆荚，用塑料网袋包装。采摘后4h内进行速冻加工，直接上市不超过8 h。豆荚农残检测及包装、运输参照NY/T 5080的规定执行。

附录二、无公害鲜食大豆质量要求

前　言

为规范鲜食大豆生产、收购、销售行为，提高鲜食大豆产品质量，增强杭州鲜食大豆市场竞争力，促进鲜食大豆优质高产品种、高效栽培技术、生态种植模式的推广应用，促进鲜食大豆产业的健康发展特制定本规范。

本规范由杭州质量技术监督局提出。

本规范主要起草单位：杭州市萧山区农业技术推广中心、杭州市萧山区蔬菜产业协会、浙江银河食品有限公司

本规范主要起草人：夏国绵　陈志明

本规范于2007年12月25日首次发布。

无公害鲜食大豆质量要求

1. 范围

本标准规定了无公害鲜食大豆的术语和定义、分类与分级、质量要求、检验方法、检验规则、标志、包装、运输和贮存。

本标准适用于无公害鲜食大豆的质量要求。

2. 规范性引用文件

下列文件中的条款通过本标准的引用而成为本标准的条款。凡是注日期的引用文件,其随后所有的修改单(不包括勘误的内容)或修订版均不适用于本标准,然而,鼓励根据本标准达成协议的各方研究是否可使用这些文件的最新版本。凡是不注日期的引用文件,其最新版本适用于本标准。

GB 2762 食品中污染物限量

GB/T 8855 新鲜水果和蔬菜的取样方法

NY/T 5080 无公害食品 菜豆

3. 术语和定义

下列术语和定义适用于本规范。

3.1 有效豆荚

有1粒及以上饱满豆粒的鲜豆荚。

3.2 鲜荚长

有效豆荚基部至荚顶尖的垂直距离。

3.3 鲜荚宽

有效豆荚两条开裂线间的最大垂直距离。

3.4 百荚鲜重

每100荚有效豆荚的重量。

3.5 百粒鲜重

每100粒鲜豆粒的重量。

3.6　多粒荚

有连续2粒或以上饱满豆粒的鲜豆荚。

3.7　多粒荚率

多粒荚占有效豆荚的数量百分比。

3.8　出豆率

有效豆荚中剥出的鲜豆粒占有效豆荚的重量百分比。

3.9　破伤率

受病、虫为害或机械损伤，其伤斑直径在2 mm以上的有效豆荚或鲜豆粒占总有效豆荚或总豆粒的数量百分比。

3.10　杂质率

有效豆荚或鲜豆粒以外的物质占该批次样品总豆荚或总豆粒的重量百分比。

4. 分类与分级

4.1　鲜食大豆产品分为鲜豆荚和鲜豆粒。

4.2　产品等级分为优等、一等、合格。

5. 质量要求

5.1　鲜豆荚质量要求

鲜豆荚等级及质量要求见表1。

表1　鲜豆荚等级及质量要求

等级	外观	鲜荚长（mm）	鲜荚宽（mm）	百荚鲜重(g)	多粒荚率(%)	出豆率(%)	破伤率(%)	杂质率(%)
优等	色泽深绿、无水渍，茸毛灰白、较稀	>55	>15	>250	>80	>60	≤10	≤0.5
一等	色泽鲜绿、无水渍，茸毛灰白、略稀	55～45	13～15	200～250	70～80	50～60	≤15	≤0.75
合格	色泽淡绿、无水渍，茸毛灰色	<45	<13	<200	<70	<50	≤20	≤1

5.2　鲜豆粒质量要求

鲜豆粒等级及质量要求见表2。

表2　鲜豆粒等级及质量要求

等级	外观	百粒鲜重(g)	破伤率(%)	杂质率(%)
优等	荚膜新鲜、豆粒嫩绿*、饱满,无异味	>70	≤10	≤0.25
一等	荚膜较新鲜、豆粒嫩绿*、饱满,无异味	60~70	≤15	≤0.5
合格	豆粒较嫩绿*、较饱满,无异味	<60	≤20	≤0.75

*豆粒嫩绿仅指绿皮、黄皮大豆。

5.3　口感要求

口感要求见表3。

表3　口感要求

等级	香味	鲜味	甜味	软硬
优等	清香	鲜美	略甜	酥软
一等	略带清香	较鲜	微甜	较酥软
合格	无香味	略鲜	无甜味	略硬

5.4　安全卫生指标

安全卫生指标应符合 GB　2762、NY/T　5080 规定。

6.　检验方法

6.1　质量指标检验

6.1.1　鲜荚长:取样品 1 kg,按每荚粒数对有效豆荚进行分类,根据各类型荚数所占数量百分比,分层取样 100 荚,每 10 荚按长度平台排列,用分度值为 1 mm 的直尺进行测量,求平均数,保留整数。

6.1.2　鲜荚宽:取样品 1 kg,按每荚粒数对有效豆荚进行分类,根据各类型荚数所占数量百分比,分层取样 100 荚,每 10 荚按宽度平台排列,用分度值为 1 mm 的直尺进行测量,求平均数,保留整数。

6.1.3　百荚鲜重:取样品 1 kg,按每荚粒数对有效豆荚进行分类,根据各类型荚数所占数量百分比,进行分层取样 100 荚,用吸水纸吸取表面水分,用天平称重,以 g 为计量单位,保留一位小数。

6.1.4　多粒荚率:取样品 1 kg,按每荚粒数对有效豆荚进行分类计数,根据(1)式进行计算:

多粒荚率(%)=(1-单粒荚荚数/有效豆荚数)×100 ……（1）

6.1.5　出豆率:取测定百荚鲜重后的豆荚样品,剥取鲜豆粒,用天平称重,以 g 为计量单位,然后根据(2)式进行计算:

出豆率(%)=百荚鲜豆粒重/百荚鲜重×100 ………………(2)

6.1.6 破伤率:

6.1.6.1 鲜豆荚破伤率:取样品1 kg,数计受病虫为害或机械损伤、伤斑直径在2 mm以上的有效豆荚数,按(3)式进行计算:

鲜豆荚破伤率(%)=破伤荚数/有效豆荚数×100 …………(3)

6.1.6.2 鲜豆粒破伤率:取样品250 g,数计受病虫为害或机械损伤、伤斑直径在2 mm以上的破伤豆粒数和总豆粒数,按(4)式进行计算:

鲜豆粒破伤率(%)=破伤豆粒数/总豆粒数×100 …………(4)

6.1.7 杂质率:鲜豆荚取样品1 kg,鲜豆粒取样品250 g,将有效豆荚或鲜豆粒和杂质进行分类,分别用天平称重,按(5)式进行计算:

杂质率(%)=杂质重/(杂质重+有效豆荚或鲜豆粒重)×100
……………………………………………………………………(5)

6.1.8 百粒鲜重:从样品中剔除色泽和大小明显与样品主体有差异的豆粒,数计100粒正常的鲜豆粒,用吸水纸吸取表面水分,用天平称重,以g为计量单位,保留一位小数。

6.2 感官评定

6.2.1 外观评定:从样品中剔除色泽和大小明显与样品主体有差异的有效豆荚或鲜豆粒,用天平称取鲜豆荚250 g或鲜豆粒100 g,放在白瓷盆内,用目测、鼻嗅进行外观评定。

6.2.2 口感评定:将经外观评定的样品,鲜豆荚装入聚乙烯丝网袋中,在1000 ml沸水中煮沸5 min,冷却。鲜豆粒置于容器中,加入50 ml沸水,放入锅内蒸煮,待水煮沸后再蒸煮7~8 min,冷却。用鼻嗅、品尝对香味、鲜味、甜味、软硬进行评定。

6.3 安全卫生要求检测

按NY/T 5080 无公害食品 菜豆规定进行检测。

7. 检验规则

7.1 检验类型

7.1.1 型式检验

型式检验是对产品进行全面考核,即对本标准规定的全部要求进行检验。有下列情形之一者应进行型式检验：

a. 国家质量监督机构或行业主管部门提出型式检验要求；

b. 前后两次抽样检验结果差异较大；

c. 因为人为或自然因素使环境发生较大变化。

7.1.2　交收检验

每批次产品交收前、生产前应进行交收检验。交收内容包括质量等级、标志和包装。检验合格并附等级证后方可交收。

7.2　组批规则

同一产地、同时采收的同一品种鲜食大豆作为一个检验批次。

7.3　抽样方法

按 GB/T　8855　新鲜水果和蔬菜的抽样方法执行，鲜豆荚样品 1 kg，鲜豆粒样品 250 g。

报验单填写的项目应与货物相符。凡与实货不符，包括容器严重损坏者，应由交货单位重新整理后再抽样。

7.4　包装检验

按本规范第 8 章的规定执行。

7.5　判定规则

7.5.1　外观、口感和商品性质量指标按本部分规定评定，按全部指标符合分等。有一项不合格的，允许第二次加倍抽样，如仍不符合要求，可以允许对该批次产品重新分类挑选后检测，并根据此结果评定分等。

7.5.2　检验结果中如安全卫生要求有一项不合格，则判该批次产品为不合格。

8. 标志、包装、运输和贮存

8.1　标志

包装上的标志和标签应标明产品名称、等级、产地、净含量和采收日期等，字迹应清楚、完整、准确。

8.2　包装

8.2.1　包装材料应坚固、无毒、无害、无污染。鲜豆荚用非绿色丝网袋或疏木箱包装；鲜豆粒和加工后速冻产品内用聚乙烯塑料袋或复合薄膜袋、外用纸箱包装。

8.2.2　每批报验的鲜食大豆产品其包装规格、单位净含量应一致。

8.2.3　包装检验规则:逐件称量抽取的样品,每件净含量不应低于包装标识的净含量。

8.3　运输

8.3.1　鲜豆荚收获后应就地修整,鲜豆粒应在采收后 48 h 内剥取,及时包装、运输。

8.3.2　运输工具要求清洁卫生、无污染。装运时要做到轻装、轻卸,严防机械伤;运输时要严防日晒、雨淋,注意降温和通风。

8.4　贮存

8.4.1　鲜豆荚应在采收后 24 h 内、鲜豆粒在 48 h 内上市或进行加工。临时贮存应有阴凉、通风、清洁、卫生的条件。

8.4.2　短期贮存以温度 0℃ ~5℃、相对湿度 80% ~90% 为宜,短期贮存期不超过 5 天。保温措施,防低温冻伤、防挤压、防鼠、防毒,注意通风散热。贮存场所温度宜保持在 1℃,空气相对应保持在。

8.4.3　贮存应按批次、规格分别堆码整齐,要有足够的散热间距,防止挤压损伤。贮存场所应清洁卫生,不得与有毒有害物品混存混放。

附录三、浙江海通食品集团有限公司企业标准

Q/QHT01.11—1999

速冻毛豆

1. 范围

本标准规定了速冻毛豆的要求,抽样及检验规划、试验方法、标志、标签、包装、运输、贮存和保质期。

本标准适用于以台湾 292 或台湾 305 毛豆等品种为原料,经过整理、清洗、漂烫、冷却、单体急冻后,再包装而成的速冻毛豆。

2. 引用标准

下列标准包含的文件,通过在本标准中引用而构成为标准的条文。本标准出版时,所示版本均为有效。所有标准都会被修订,使用本标准的各方应探讨使用下列标准最新版本的可能性。

GB 5033 - 1985 出口产品包装用瓦楞纸箱

GB 7718 - 1994 食品标签通用标准

GB 8863 - 1988 速冻食品技术规程

SN 0168 - 1992 出口食品平板菌落计数

SN 0169 - 1992 出口食品大肠菌落、粪大肠菌落

SN/T 0626 - 1997 出口速冻蔬菜检验规程

SN/T 0626.5 - 1997 出口速冻蔬菜检验规程 豆类

3. 要求

3.1 感官要求

3.1.1 色泽

鲜绿色,色泽较一致。

3.1.2 风味

具有毛豆应有的滋味和气味,无生味,无其他异味。

3.1.3 组织形态

组织鲜嫩,荚形完整饱满,白毛。

3.1.4 冻结

单体急冻状。

3.2 规格要求

每500g荚数在180荚以下,每荚豆粒2粒以上。

3.3 过氧化酶要求

过氧化酶活性:阴性或中性。

3.4 微生物要求

3.4.1 细菌总数:≤100000个/克。

3.4.2 大肠菌落:≤100个/克。

3.4.3 大肠杆菌:阴性。

3.5 质量缺陷指标

3.5.1 杂质

有害杂质不得存在,如虫体、金属、毛发、竹丝、尼龙丝、沙土等;蔬菜类杂质,1kg样品中最多允许1个单位。

3.5.2 单粒荚、瘪荚合计不能超过5%,但每项单独不能超过3%。

3.5.3 锈斑、畸形、机械伤和变种豆等合计不能超过8%,但每项单独不能超过4%。

3.5.4 斑点:累计斑点面积大于3 mm×3 mm,不能超过7%。

3.5.5 开裂荚:不能超过5%。

3.5.6 虫蛀荚:不能超过1%。

3.6 温度要求

速冻出料中心温度-12℃以下,冷库藏7天后-18℃以下。

3.7 重量要求

按客户要求确定(如10 kg/箱),每箱净重不得有负公差。

3.8 标志、标签要求

按GB 8863和GB 7718的有关规定及客户要求执行。

3.9 包装要求

内包装为食品级塑料袋,外包装为瓦楞纸箱,用粘胶带密封,并按GB 8863 和 GB 5033 的有关规定及客户要求执行。

4. 抽样及检验规则

4.1 产品分过程检验、最终成品检验和出厂检验三种。

4.1.1 过程检验依 3.1、3.2、3.3 和 3.5 的要求。

4.1.2 最终成品检验和出厂检验依 3 的全部要求。

4.2 抽样批次、件数及数量

4.2.1 抽样批次

同一品种、同一生产流水线、同一生产日期、同一级别规格的为一批。

4.2.2 抽样件数

每 100 箱抽取 1 件,必要时增加件数,但检验 3.4 要求以一批为一个平均样,出厂检验抽样按 SN/T 0626.5 抽取件数。

4.2.3 抽样数量

——每件抽取内容数量为 500 g,检验按 3.1、3.2、3.3 和 3.5 的要求。

——按一个批号抽取三件以上,检验按 3.6、3.7、3.8、3.9 的要求。

——按每批一个样抽取,检验依 3.4 的要求。

——假包装返真包装后,抽取每一个货柜 3 个平均样以上,检验 3.4 的要求。

4.3 检验结果判定

4.3.1 过程检验如有 3.2 和 3.5 不合格,应现场返工直到抽检合格。若是假包装(返真包装需重新挑选的),则允许超标 10%。

4.3.2 最终成品检验和出厂检验如有一项不合格,加倍抽样复验此不合格项,如再不合格,判定此产品不合格。

4.4 检验场所要求光线充足、温度适宜、通风良好、无异味、清洁卫生。

5. 试验方法

5.1 感官实验

用目测、口尝、鼻嗅。

5.2 规格实验

用游标卡尺、电子秤或托盘天平(感量为1 g)称量。

5.3 过氧化酶检验

按SN/T 0626中5.8.1条规定检验。

5.4 卫生要求试验

5.4.1 细菌总数检验

按SN 0168检验

5.4.2 大肠菌落和大肠杆菌检验

按SN 0169检验

5.5 杂质检验和质量缺陷指标检验

用目测、游标卡尺、托盘天平或电子秤(感应为1 g)等方法结合测定。

5.6 温度检验

按GB 8863第8章的有关规定执行,温度计的分度值不高于0.5℃

5.7 重量检验

用电子秤(感应为1 g)称量,并按SN/T 0188进行检验。

5.8 包装、标志和标签检验

按SN/T 0626第5.2章的有关规定执行。

6. 运输、贮存和保质期

6.1 运输和贮存

按GB 8863的有关规定执行。

6.2 保质期

在温度-18℃条件下贮存,保质期为18个月。

图书在版编目(CIP)数据

菜用大豆栽培新技术/汪自强,夏国绵等编著. —杭州:杭州出版社,2010.9(2012.1 重印)
(农业生产科技丛书)
ISBN 978 -7 -80758 -383 -7

Ⅰ. ①菜… Ⅱ. ①汪… ②夏… Ⅲ. ①豆类蔬菜-蔬菜园艺 Ⅳ. ①S643.7

中国版本图书馆 CIP 数据核字(2010)第 174736 号

菜用大豆栽培新技术

汪自强 夏国绵 编著

责任编辑 孟桂芳
封面设计 祁睿一
出版发行 杭州出版社
社　　址 杭州市西湖文化广场32号(310014)
电　　话 0571-87997719
制　　版 杭州万方图书有限公司
印　　刷 浙江省邮电印刷股份有限公司
开　　本 880×1230 1/32
印　　张 2.75
字　　数 86千
版 印 次 2010年9月第1版 2012年5月第4次印刷
书　　号 ISBN 978-7-80758-383-7
定　　价 8.00 元